21世纪高等职业教育信息技术类规划教材

21 Shiji Gaodeng Zhiye Jiaoyu Xinxi Jishulei Guihua Jiaocai

Flash CS3中文版动画制作基础

Flash CS3 ZHONGWENBAN DONGHUA ZHIZUO JICHU

李如超 主编 周德富 仝素梅 副主编

人民邮电出版社

北 京

图书在版编目（CIP）数据

Flash CS3中文版动画制作基础 / 李如超主编.—北京：
人民邮电出版社，2009.5
21世纪高等职业教育信息技术类规划教材
ISBN 978-7-115-20446-2

Ⅰ. F… Ⅱ. 李… Ⅲ. 动画－设计－图形软件，Flash CS3－
高等学校：技术学校－教材 Ⅳ. TP391.41

中国版本图书馆CIP数据核字（2009）第030861号

内 容 提 要

　　本书全面介绍 Flash CS3 的基本操作方法和动画设计技巧，内容包括 Flash CS3 动画制作基础知识、素材的制作与导入、元件和库的应用、逐帧动画制作方法与技巧、补间动画制作方法与技巧、图层动画制作方法与技巧、ActionScript 3.0 编程基础、组件的应用等内容，最后通过典型实例训练学生综合应用软件解决实际问题的能力。本书既有深入浅出的基础知识讲解，又有生动活泼的典型案例。

　　本书可作为高等职业院校计算机相关专业动画制作类课程的教材，也可以作为广大动画设计爱好者的学习参考书。

21 世纪高等职业教育信息技术类规划教材

Flash CS3 中文版动画制作基础

◆ 主　编　李如超

　副 主 编　周德富　仝素梅

　责任编辑　潘春燕

　执行编辑　王　威

◆ 人民邮电出版社出版发行　　北京市崇文区夕照寺街 14 号
　邮编　100061　　电子函件　315@ptpress.com.cn
　网址　http://www.ptpress.com.cn
　北京艺辉印刷有限公司印刷

◆ 开本：787×1092　1/16
　印张：16
　字数：402 千字　　　　　　　　2009 年 5 月第 1 版
　印数：1－3 000 册　　　　　　　2009 年 5 月北京第 1 次印刷

ISBN 978-7-115-20446-2/TP

定价：27.00 元

读者服务热线：**(010)67170985**　印装质量热线：**(010)67129223**
反盗版热线：**(010)67171154**

前　言

Flash 是目前应用最广泛的交互式矢量动画制作软件，其生成的动画文件质量高、显示清晰，被广泛应用于网站设计、广告、视听、计算机辅助教学等领域。目前，我国很多高等职业院校的计算机相关专业，都将"动画设计"作为一门重要的专业课程。为了帮助高职院校的教师全面、系统地讲授这门课程，使学生能够熟练地使用 Flash 软件制作动画，我们编写了本书。

本书主要介绍使用 Flash CS3 中文版制作二维动画的一般方法和技巧。全书由浅入深、循序渐进地介绍动画制作的基本知识，条理清晰，结构完整。在内容安排上，本书以基本操作为主线，通过一组精心设计的趣味实例介绍各类动画制作方法的具体应用，学生在学习过程中既可以模拟操作，也可以在此基础上进行举一反三。

为方便教师教学，本书配备了内容丰富的教学资源包，包括素材、所有案例的效果演示、PPT 电子教案、习题答案、教学大纲和 2 套模拟试题及答案。任课老师可登录人民邮电出版社教学服务与资源网（www.ptpedu.com.cn）免费下载使用。

本课程的教学时数为 72 学时，各章的教学课时可参考下面的课时分配表。

章　节	课　程　内　容	课　时　分　配	
		讲授	实践训练
第 1 章	Flash CS3 动画制作基础知识	2	4
第 2 章	素材的制作与导入	4	6
第 3 章	元件和库的应用	4	4
第 4 章	制作逐帧动画	4	4
第 5 章	制作补间动画	4	4
第 6 章	制作图层动画	4	4
第 7 章	ActionScript 3.0 编程基础	4	4
第 8 章	组件的应用	2	4
第 9 章	综合实例	4	6
课　时　总　计		32	40

本书由李如超任主编，周德富、全素梅任副主编，参加编写工作的还有沈精虎、黄业清、宋一兵、谭雪松、向先波、冯辉、郭英文、计晓明、董彩霞、滕玲、郝庆文等。由于作者水平有限，书中难免存在疏漏之处，敬请各位老师和同学指正。

编者

2009 年 2 月

目　录

第1章 Flash CS3 动画制作基础知识

随着个人计算机和网络的普及，动画也有了长足的发展。只要打开计算机，随处可看到各种各样的动画，即便是复制文件或移动文件这样的操作，都有一个简单的动画展示；网上浏览更是进入到动画的海洋，例如网站的动态片头、动态标志、动画广告等。打开电视机也是随处可见各种动画，例如电视节目的片头、动画片、电影特效等，这些都是计算机动画的应用实例。

Flash 动画是计算机动画里的佼佼者，特别是 Flash 动画在网络方面的应用十分广泛。Flash 动画的制作软件目前已经升级至 Flash CS3 版本，本书将以 Flash CS3 为主体来对动画的制作进行全面的讲解。

【学习目标】
- 了解动画的起源与发展。
- 掌握动画制作的原则。
- 了解 Flash 的发展历史。
- 了解 Flash CS3 的工作界面。
- 掌握 Flash 动画制作流程。

1.1 动画设计综述

中国有句俗语叫"外行看热闹，内行看门道"，也就是说很多事物，如果不理解它的原理，就只能看出点皮毛，但如果懂得其原理，就能看出其中的门道。动画的制作也是如此。所以在进行 Flash 动画的制作讲解之前，首先来讲解动画的定义、发展及原理。

1.1.1 动画的起源与发展

人类渴望用动态的画面来记录动作、表达思想的欲望可以追溯到什么时候呢？动画的定义到底是什么呢？第一部动画是什么时候问世的呢？这些问题都将在下面一一揭晓。

一、 动画的定义

动画是一个范围很广的概念，通常是指连续变化的帧在时间轴上播放，从而使人产生运动错觉的一种艺术。图 1-1 所示是一组蝴蝶振翅的连续图片，只要将其放在连续的帧上播放，即可看到蝴蝶振翅的动画效果。

图1-1 蝴蝶振翅序列图

二、 动画的起源

（1） 动画的欲望。

自从有文明以来，人类就一直试着透过各种形式的图像记录来表现物体的动作。例如在西班牙北部山区的阿尔塔米拉洞穴（隶属于旧石器时代）的壁画上画着一头奔跑的 8 条腿的野猪，如图 1-2（a）所示，就是早期人类捕捉动画的尝试。

而在我国青海马家窑发现的距今四五千年前的舞蹈纹彩陶盆上所描绘的手拉手舞蹈的人行中，每组最边上的两个人物手臂上画了两道线条，如图 1-2（b）所示，这可能是我国祖先试图表现人物连续运动最朴素的方式。

再后来的达芬奇的人体比例图中的四手四脚，如图 1-2（c）所示，也反映了画家表现四肢运动的欲望。

（a）8 条腿的野猪

（b）舞蹈纹彩陶盆

（c）人体比例图

图1-2　动画的欲望

（2） 动画的雏形。

1824 年彼得·罗杰特出版了一本谈眼球构造的小书《移动物体的视觉暂留现象》，其中提到了形象刺激在初显后，能在视网膜上停留短暂的时间（1/16s）。这一理论的问世，激发了动画雏形的快速发展。

1832 年由约瑟夫·柏拉图发明的"幻透镜"，如图 1-3（a）所示，1834 年乔治·霍纳发明的"西洋镜"，如图 1-3（b）所示，都是动画的雏形。它们都是通过观察窗来展示旋转的顺序图画，从而形成动态画面。

（a）幻透镜

（b）西洋镜

图1-3　动画的雏形

（3） 第一部动画片。

随着科技的发展，具有现代意义的动画片逐步出现。在电影发明之后，1906 年，美国人小斯图亚特·布雷克顿制作出第一部接近现代动画概念的影片，名叫《滑稽面孔的幽默形象》，如图 1-4 所示。该片长度为 3min，采用了每秒 20 帧的技术拍摄。

小斯图亚特·布雷克顿

滑稽面孔的幽默形象

图1-4　第一部动画片及其作者

（4）动画的发展。

① 传统动画发展。

20 世纪 20 年代末，著名的迪斯尼公司迅速崛起，采用传统的动画技术制作出越来越复杂的动画。该公司在 1928 年推出的《汽船威利》是第一部音画同步的有声动画，如图 1-5 所示。而 1937 年制作的《白雪公主》，如图 1-6 所示，则是第一部彩色长篇剧情动画片。之后该公司又相继推出了《木偶奇遇记》、《幻想曲》等优秀长片动画。

图1-5　《汽船威利》

图1-6　《白雪公主》

谈到动画的发展，还必须提到日本动画。第二次世界大战之后，日本动画开始快速发展。其中对后世影响深远的有第一部彩色动画电影《白蛇传》，还有后来的传世之作如《铁臂阿童木》、《森林大帝》等，如图 1-7 所示。这些优秀动画都为世界动画的发展起到积极的促进作用。

《白蛇传》

《铁臂阿童木》

图1-7　日本动画

《森林大帝》

② 中国动画的发展。
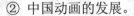

中国的动画发展较美国和日本来说是滞后的。但中国动画在近代也有较大的发展。1926年，万氏兄弟摄制完成了中国第一部动画片《大闹画室》。1941年，万氏兄弟又摄制了亚洲的第一部动画长片《铁扇公主》，如图 1-8 所示，片长 80min，将中国动画艺术载入世界电影史册。

图1-8　《铁扇公主》

　　中国动画片因为它独到的民族特色而屹立于世界动画之林，散发着独特的艺术魅力。1979 年中国第一部彩色宽银幕动画长片《哪吒闹海》问世，这部被誉为"色彩鲜艳、风格雅致、想象丰富"的作品，深受国内外好评，民族风格在它的身上得到了很好的延续，如图1-9 所示。动画片《三个和尚》是继承了传统的艺术形式，又吸收了外国现代的表现手法，在发展民族风格中做了一次新的尝试，如图 1-10 所示。

图1-9　《哪吒闹海》　　　　　　　　　　　图1-10　《三个和尚》

　　③ 计算机动画的发展。

　　从 20 世纪 80 年代开始，计算机图形技术开始用于电影制作，到了 90 年代，计算机动画特效开始大量用于真人电影，比较著名的有《魔鬼终结者 3》、《侏罗纪公园》、《魔戒三部曲》以及《泰坦尼克号》等，如图 1-11 所示。这些影片在电影市场上取得的巨大成功，也都从一个方面反映了计算机动画的发展。

《魔鬼终结者 3》

《侏罗纪公园》

《魔戒》

《泰坦尼克号》

图1-11　动画影视作品经典

1.1.2　动画的设计原则

动画制作的 12 条原则最初是由迪斯尼公司于 20 世纪 30 年代提出的。迪斯尼公司发现当时的动画制作不符合需要，于是为自己的动画师创办绘画教室，专门研究动画模型和真人实景影片。于是，动作分析被运用到动画制作，动画家们找到了表现精致复杂动画的方法，这些方法就成为了传统动画的基本原则。这些原则要求动画制作者不但要有制作动画的技术能力，更需要具备敏锐的观察力和感受力，能够对时间安排、动作表现等细微之处有所体会，从而制作出更加生动、自然、逼真的动画。

下面详细讲解这 12 条基本动画原则。

(1) 掌握时序。

时序是指动画制作过程中，时间的分配要能够真实反应对象（物体或人物）的情况。例如人物眨眼很快可能表示角色比较警觉和清醒，如果眨眼很慢则可能表示该人物比较疲倦和无聊。

(2) 慢入和慢出。

慢入和慢出是指对象动作的加速和减速效果。增添加速和减速效果之后，可以使对象的运动更加符合自然规律，因此该原则应该应用到绝大多数的动作中去。

(3) 弧形动作。

在现实中，几乎所有事物的运动都是沿着一条略带圆弧的轨道在运动，尤其是生物的运动。因此在制作角色动画时，角色的运动轨迹也应该是一条比较自然的曲线。

(4) 预期性。

动画中的动作通常包括准备动作、实际动作和完成动作 3 部分，第一部分就叫做预期性。例如，在角色要快速跑动之前都会有一个摆脚的动作，这个动作就是预期性的体现。因为当观众看到这个预期动作时，就知道接下来这个角色要跑了！

(5) 使用夸张。

夸张手法用于强调某个动作，例如动画常常用夸张的手法表现角色的情绪。但使用时应小心谨慎，不能太随意，否则会适得其反。

(6) 挤压和伸展。

挤压和伸展是通过对象的变形来表现对象的硬度。例如，柔软的橡胶球落地时通常就会稍微的压扁，这就是挤压的原则；而当它向上弹起时，又会朝着运动的方向伸展，这就是伸展原则。

(7) 辅助动作。

辅助动作为动画增添乐趣和真实性。例如，一个角色坐在桌子旁边，一边说话一边用右手作手势，同时左手在轻微地敲击桌子，这时观众的注意力一般会集中在主要动作上（脸部动作和右手手势），而左手的动作就是辅助动作，可以增强动画的真实感和自然感。

(8) 完成动作和重叠动作。

完成动作与预期性类似，不同之处在于它是发生在动作结束时。制作完成动作的动画时，一般是对象运动到原来位置后续运动一小段距离，然后再恢复到原来位置，例如，要投掷标枪，角色需要先将手柄后移，这是预期性，接下来是投掷的主要动作，当标枪投掷出去后，手臂仍然要向前运动一段距离，然后才恢复到静止时的位置，这便是完成动作的体现。

重叠动作是由于一个动作发生而发生的动作。例如，奔跑中的狗突然停下，那么它的耳朵可能还会继续向前稍微运动一点。

(9) 逐帧动画和关键帧动画。

逐帧动画和关键帧动画是创建动画的两种基本方法。逐帧动画是动画制作者按顺序一帧一帧地进行绘制。

关键帧动画是先绘制关键帧上的对象，再绘制关键帧之间的帧。关键帧动画有助于精确定时和事先规划整个动画。

(10) 布局。

布局是以容易理解的方式展示动画或对象。一般情况下，动作的表现是一次一项。如果太多的动作同时出现，观众就无法确定到底应该看什么，从而影响动画的效果。

(11) 吸引力。

吸引力是指观众愿意观看的东西。例如说，个人魅力、独到设计、突出个性等。吸引力是通过正确地应用其他原则获得的。

(12) 个性。

严格来说，"个性"并不能算是动画的一条原则，它实际上是正确运用前面的 11 条原则来达到动画需要达到的目标。个性将最终决定动画是否成功！

这些原则既适用于传统动画，也适用于计算机动画。对这些原理不能单纯记忆，动画制作者应该真正理解并在动画制作中恰当运用它们。

1.1.3　常用动画制作软件简介

一、　三维动画制作软件

目前最常见的三维动画制作软件有 3ds Max、Maya、SoftImage 和 Lightwave 等。而 3ds Max 是一款在国内外应用都非常广泛的三维设计工具，它不但用于电视及娱乐业中，在影视特效方面也有相当多的应用，例如电影《古墓丽影》和游戏《指环王》；而在国内发展得相对比较成熟的建筑效果图和建筑动画制作中，3ds Max 占据了绝对的优势。

二、　交互式二维动画制作软件 Flash

虽然目前三维动画的发展已经到了很高的水平，但是三维动画制作费用大、制作周期长。所以二维动画也具有很好的市场效益。

在众多的二维动画制作软件中，Flash 最为璀璨，随着 Flash 的发展，Flash 已经逐渐成为二维动画制作软件的代名词。由于采用矢量图形和流媒体技术，用 Flash 制作出来的动画文件尺寸非常小，而且能在有限带宽的条件下流畅播放，所以 Flash 动画广泛用于 Web 领域。目前 Flash 广告、Flash 网站、Flash 多媒体演示、Flash 游戏等已经成为了 Web 上不可或缺的部分。

1.2　Flash CS3 动画设计简介

使用 Flash CS3 进行动画设计和制作非常简单和方便，只要参照教材，一个从未制作过动画的人，可以在几分钟之内完成一个简单的动画效果。可见 Flash 对于初级动画制作者是一个很好的工具。

1.2.1　Flash CS3 简介

在开始使用 Flash CS3 制作动画之前，首先认识一下 Flash 这款软件。

一、　Flash 的发展

Flash 的前身叫做 FutureSplash Animator，由美国的乔纳森·盖伊在 1996 年夏季正式发行并很快获得了 Microsoft 和迪斯尼两大巨头公司的青睐，分别成为其两个最大的客户。

由于 FutureSplash Animator 的巨大潜力吸引了当时实力较强的 Macromedia 的注意，于是在 1996 年 11 月，Macromedia 公司仅用 50 万美元就成功并购乔纳森·盖伊的公司并将 FutureSplash Animator 改名为 Macromedia Flash 1.0。

经过 9 年的升级换代，2005 年 Macromedia 推出 Flash 8.0 版本，同时 Flash 也发展成为全球最流行的二维动画制作软件，同年 Adobe 公司以 34 亿美元的价格收购了整个 Macromedia 公司，并于 2007 年发行 Flash CS3（Flash 9.0）。从此 Flash 发展到一个新的阶段。

二、　Flash CS3 界面介绍

启动 Flash CS3 进入图 1-12 所示的操作界面，其中包括菜单栏、时间轴、【工具】面板、舞台、【属性】检查器（也称【属性】面板）以及浮动面板等。

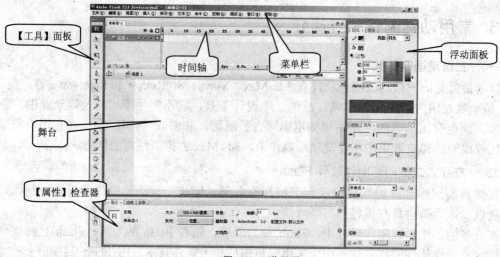

图1-12 工作界面

三、 Flash 动画制作流程

Flash 动画制作流程十分的简单，分为：新建 Flash 文档、编辑场景、保存影片、发布影片 4 个步骤，其中编辑动画部分是流程的关键，发布影片控制着发布影片的大小、质量和文件格式等重要性质，所以也是十分重要的。

1.2.2 牛刀小试——大红大吉

在本章的前面部分对动画及 Flash 动画做了简单的介绍，下面将进行一个动画实例制作。希望通过这个简单的动画案例，使读者对 Flash CS3 的基本操作有一个感性的认识。

【设计思路】

- 新建文档。
- 制作背景。
- 制作文字。
- 导入素材。
- 保存影片。
- 发布影片。

【设计效果】

创建图 1-13 所示效果。

图1-13 最终效果

【操作步骤】

1. 创建新文件。

　　运行 Flash CS3，首先会显示一个图 1-14 所示的初始用户界面，选择【新建】/【Flash 文件（ActionScript 3.0）】命令，新建一个 Flash 文档。

> 要点提示　此处选择【Flash 文件（ActionScript 3.0）】和【Flash 文件（ActionScript 2.0）】差别在于其动画文件支持的后台脚本不同。建议使用 ActionScript 3.0，ActionScript 3.0 是由 Adobe 公司研发，并与 Flash CS3 同时推出，而且其编程思想也是全部基于对象化，所以使用更加方便。

2. 制作背景。

(1) 选择【修改】/【文档】菜单命令，打开【文档属性】对话框，然后在【高】选项中输入"300 像素"，其他属性保持默认即可，如图 1-15 所示，单击 确定 按钮完成设置。

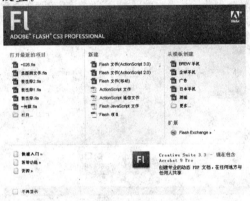

图1-14　欢迎界面

图1-15　修改文档属性

(2) 在【时间轴】面板左侧的图层名称"图层 1"上双击左键，当图层名称变成可编辑状态时，输入"背景"，将默认的"图层 1"重命名为"背景"层。选择【矩形】工具□，在舞台上绘制一个矩形，效果如图 1-16 所示。

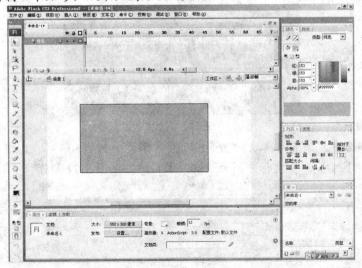

图1-16　绘制矩形

(3) 选择【选择】工具，双击刚才绘制的矩形，然后在【属性】面板中设置矩形的笔触

颜色为 "无"，填充类型为 "线性渐变"，宽高分别为 "550 像素×300 像素"，选区的 x 和 y 坐标分别为 "0" 和 "0"，如图 1-17 所示。

图1-17　设置矩形属性

(4) 在【颜色】面板中，设置线性渐变的第 1 个色块颜色为 "FF0000"（红色），第 2 个色块颜色为 "CC0000"（暗红色），效果如图 1-18 所示。

要点提示　在设置【颜色】面板的属性时，一定要保证矩形处于被选中的状态，否则矩形的颜色将无法改变。

3. 输入文字。

(1) 单击新建图层按钮，新建图层并重命名为 "文字" 层，如图 1-19 所示，要确保 "文字" 层在 "背景" 层的上面。

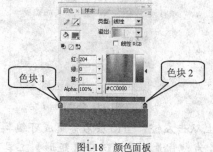

图1-18　颜色面板

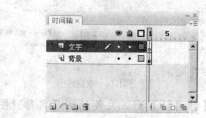

图1-19　新建图层

(2) 选择【文字】工具 T，在舞台上输入 "Adobe Flash cs3" 文字，如图 1-20 所示。

图1-20　输入文字

(3) 将文字全部选中，设置字体为 "Zombie"，字体大小为 "50"，填充颜色为 "FFFF00"（黄色），选区的 x 和 y 坐标分别为 "80"、"120"，如图 1-21 所示。

图1-21　设置文字属性

(4) 至此文字制作成功，其效果如图 1-22 所示。

图1-22　文字效果

4. 导入素材。

(1) 新建图层并重命名为"特效"层，然后使用鼠标单击该图层并将其拖曳到"文字"图层的下面，如图 1-23 所示。

(2) 选择【文件】/【导入】/【打开外部库】菜单命令，将教学资源包中的"素材\第一章\特效库.fla"文件打开，如图 1-24 所示。

图1-23　新建特效图层

图1-24　打开特效库

(3) 按下鼠标左键拖动鼠标光标，将"星星"元件拖曳到舞台中，在拖曳过程中操作界面中会自动显示"星星"元件的虚框，然后将其放置到图 1-25 所示的位置。

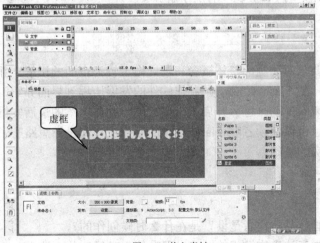

图1-25　拖入素材

5. 保存和发布影片。

(1) 动画制作完成，按 Ctrl + S 快捷键保存影片。

(2) 选择【文件】/【发布设置】菜单命令，打开图 1-26 所示的【发布设置】对话框。

11

在【发布设置】对话框的【格式】选项卡中可以设置发布影片的格式和路径，在【Flash】选项卡中可以设置发布文件的播放器版本、压缩比例、防止导入等重要属性。

 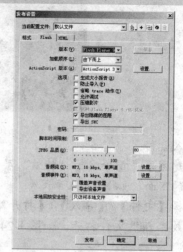

图1-26 发布设置

(3) 全部保持默认设置，单击 发布 按钮，发布影片，然后单击 确定 按钮完成发布设置（也可以按 F12 快捷键发布影片）。至此动画制作完成。

 通常在制作过程中，需要实时地测试和观看影片效果，并不需要正式发布影片，所以可用快捷键 Ctrl + Enter 测试影片。

【案例小结】

在本案例中，通过一个十分简单的 Flash 动画制作，为读者简述了制作 Flash 动画的流程和思路。例子虽然比较简单，却包含了制作复杂 Flash 动画的各个基本步骤。所以希望读者通过本案例的操作，对 Flash CS3 有所了解。

小结

在本章中，主要是对动画的整体概念和发展做了较为全面的讲解，并对动画制作的原则进行了简单的讲解，从 Flash CS3 动画制作软件的发展历程到界面介绍，再到制作动画流程介绍，为读者进入 Flash 动画世界开启了一扇大门，并在本章的最后安排了典型的案例，通过对该案例的学习，可以使读者对 Flash 动画的制作流程和设计思路有了简单了解，从而为其后期学习打下坚实的基础。

思考与练习

1. 人类第一部动画作品的作者是谁？是在什么时候创作的？
2. 代表人类用动画表达事物欲望的图画出现在什么时候？什么地点？
3. Flash 动画的优势是什么？
4. Flash 动画的制作流程是什么？
5. 动手制作本章的案例。

第2章 素材的制作与导入

在 Flash 动画的制作中，首先要有各种类型的素材，包括文字、图像、声音和视频等，这些素材有的需要直接在 Flash 中创作，有的需要从其他文件导入。素材的制备是 Flash 动画制作过程中必不可少的一个步骤，本章将向读者介绍使用各种 Flash 工具制作素材以及导入和处理各种动画素材的方法和技巧。

【学习目标】
- 掌握绘图工具的使用方法。
- 熟悉导入图像的方法。
- 熟悉导入声音的方法。
- 熟悉导入视频的方法。
- 熟悉导入外部库的方法。
- 掌握对导入素材的各种操作。

2.1 绘制素材

利用 Flash 中的绘制工具绘制素材是 Flash 动画素材的一个主要来源。绘制的素材是矢量图，可以对其进行移动、调整大小、重定形状以及更改颜色等操作而不影响素材的品质。

2.1.1 知识准备——绘图工具的类型

Flash CS3 提供了强大的绘图工具，使用户制作动画素材更加方便和快捷。其【工具】面板中的具体工具如图 2-1 所示。

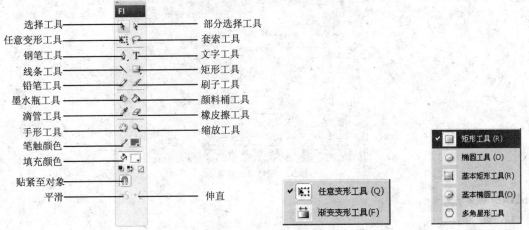

图2-1 【工具】面板

根据工具用途的不同，工具可分为以下几类。

(1) 规则形状绘制工具。

主要包括【矩形】工具、【椭圆】工具、【基本矩形】工具、【基本椭圆】工具、【多角星形】工具和【直线】工具。

(2) 不规则形状绘制工具。

主要包括【钢笔】工具、【铅笔】工具、【笔刷】工具和【文字】工具。

(3) 形状修改工具。

主要包括【选择】工具、【部分选择】工具、【套索】工具和【属性】面板。

(4) 颜色修改功能。

主要包括【墨水瓶】工具、【颜料桶】工具、【滴管】工具、【橡皮擦】工具、【颜色】工具、【颜色】面板和【渐变变形】工具。

(5) 视图修改功能。

主要包括【手形】工具和【缩放】工具。

2.1.2 典型案例——浪漫人生

本例通过对一个场景的绘制来讲解 Flash CS3 中常用绘图工具的使用方法和技巧，使读者初步认识 Flah CS3 绘图功能。

【设计思路】

- 绘制背景。
- 绘制草地。
- 绘制云彩。
- 绘制太阳。
- 导入素材。
- 制作标题。

【设计效果】

创建图 2-2 所示效果。

图2-2　最终设计效果

【操作步骤】

1. 绘制背景。

(1) 新建一个 Flash 文档，设置文档尺寸为"800 像素×600 像素"，其他属性使用默认参数。

(2) 将默认 "图层 1" 重命名为 "背景层"，选择【矩形】工具□，然后选择【窗口】／【颜色】菜单命令（或者按 Shift + F9 快捷键），打开【颜色】面板，如图 2-3 所示。

(3) 在【颜色】面板中设置矩形的笔触颜色为 "无"，填充颜色的类型为 "线性"，从左至右第 1 个色块颜色为 "#0099FF"，第 2 个色块颜色为 "#CCFFFF" 如图 2-4 所示。

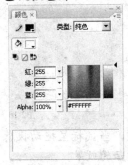
图2-3 【颜色】面板

图2-4 调整颜色后的【颜色】面板

(4) 拖曳鼠标光标在舞台中绘制一个矩形，选择矩形，然后在其【属性】面板中设置矩形宽、高为 "800"、"600"，位置坐标 x、y 分别为 "0.0"、"0.0"，其属性设置如图 2-5 所示，舞台效果如图 2-6 所示。

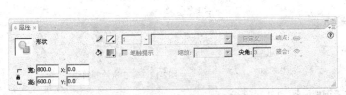
图2-5 "矩形" 的【属性】面板

图2-6 舞台效果

要点提示 选择【窗口】／【属性】命令，打开【属性】面板，在【属性】面板中便可以设置对象的宽、高及位置坐标等。

(5) 选择【渐变变形】工具□，然后单击舞台中的矩形，效果如图 2-7 所示。

(6) 单击【渐变变形】工具的【旋转】按钮（图 2-7 中的方形标记处），将颜色渐变顺时针旋转 90°，然后调整颜色渐变的中心（图 2-7 中的圆形标记处），最终的舞台效果如图 2-8 所示。

图2-7 调整渐变变形

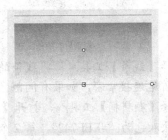
图2-8 调整渐变方向后的渐变形状

2. 绘制草地。

(1) 新建图层并重命名为"草地"层，选择【线条】工具，在【属性】面板中设置笔触颜色为"黑色"，笔触高度为"1"，其属性设置如图 2-9 所示。在舞台中绘制一条斜线，效果如图 2-10 所示。

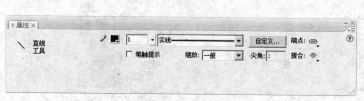

图2-9 设置线条属性

图2-10 绘制斜线

(2) 选择【选择】工具，将鼠标放置在线条的中心位置，当鼠标呈拖动状态时，按住鼠标左键并向上拖动鼠标光标，将线条调整至图 2-11 所示的效果。

(3) 选择【线条】工具，在舞台中绘制一条图 2-12 所示斜线。

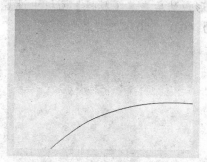

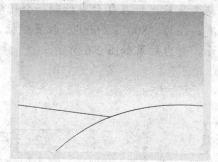

图2-11 调整后的线条

图2-12 第 2 次绘制斜线

(4) 选择【选择】工具，调整其形状如图 2-13 所示。

(5) 用同样的方法绘制第 3 块草地，最终效果如图 2-14 所示。

图2-13 调整后的线条形状

图2-14 第 3 条线条的形状

(6) 选择【线条】工具，将线条的两端连接起来，如图 2-15 所示。（注意，连接时一定要使首尾连接紧密，如果有间隙，将会导致不能填充颜色。）

(7) 选择【颜料桶】工具，打开【颜色】面板，调整其填充颜色的类型为"线性"，第 1 个色块颜色为"#EEF742"，第 2 个色块颜色为"#99CC00"，效果如图 2-16 所示。

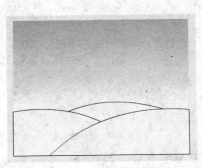

图2-15　封闭线条

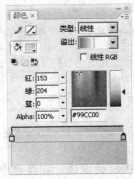

图2-16　调整填充颜色

(8) 把鼠标移入舞台，此时的鼠标指针将变为颜料桶形状，在封闭的线条框内依次单击鼠标填充颜色，最终效果如图 2-17 所示。

(9) 选择【渐变变形】工具，分别调整 3 块草地的渐变颜色如图 2-18、图 2-19 和图 2-20 所示。

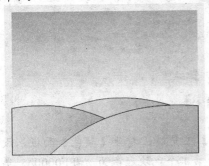

图2-17　填充颜色

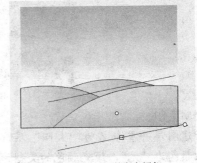

图2-18　调整渐变颜色

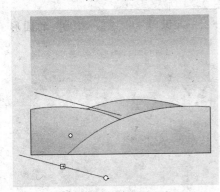

图2-19　调整渐变颜色

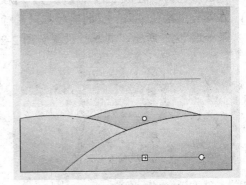

图2-20　调整渐变颜色

(10) 选择【选择】工具，单击黑色的线条，然后按 Delete 键将线条全部删除。

3.　绘制云彩。

(1) 新建图层并重命名为"云彩"层，选择【椭圆】工具，在【属性】面板中设置其笔触颜色为"无"，填充颜色为"白色"，在舞台中绘制一个椭圆，效果如图 2-21 所示。

(2) 在椭圆的周围绘制一些小的椭圆，使其像空中的云彩，最终效果如图 2-22 所示。

图2-21　绘制椭圆

图2-22　绘制的云彩

(3) 利用同样的方法，在舞台中再绘制两朵云彩，最终效果如图 2-23 所示。

图2-23　最终的云彩效果

4. 绘制太阳。

(1) 新建图层并重命名为"太阳"层，选择【椭圆】工具◯，打开【颜色】面板，设置笔触颜色为"无"，填充颜色的类型为"放射状"，第 1 个色块颜色为"#FF0000"，第 2 个色块颜色为"#FFCC33"，【颜色】面板设置如图 2-24 所示。

(2) 在舞台中按住 Shift 键的同时拖动鼠标光标，绘制一个尺寸为"100×100"的圆形，效果如图 2-25 所示，其属性设置如图 2-26 所示。

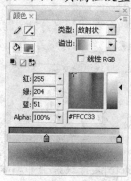

图2-24　【颜色】面板

图2-25　绘制太阳

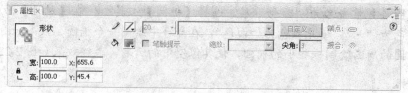

图2-26　"太阳"的【属性】面板

5. 导入素材。

(1) 新建图层并重命名为"植物"层，选择【文件】/【导入】/【导入到舞台】菜单命令，将教学资源包中的"素材\第二章\浪漫人生\植物.png"文件导入到舞台中，其属性设置如图 2-27 所示，舞台效果如图 2-28 所示。

图2-27 "植物"的【属性】面板　　　　　　　　　图2-28 导入植物后的舞台效果

> 要点提示　导入图片的方法与技巧将在本章的第 2 节中详细讲解，读者可参阅相关章节的内容。

(2) 新建图层并重命名为"家"层，选择【文件】/【导入】/【导入到舞台】菜单命令，将教学资源包中的"素材\第二章\浪漫人生\家.png"文件导入到舞台中，其属性设置如图 2-29 所示，舞台效果如图 2-30 所示。

图2-29 "家"的【属性】面板　　　　　　　　　图2-30 导入家后的舞台效果

(3) 新建图层并重命名为"人物"，选择【文件】/【导入】/【导入到舞台】菜单命令，将教学资源包中的"素材\第二章\浪漫人生\人物.png"文件导入到舞台中，其属性设置如图 2-31 所示，舞台效果如图 2-32 所示。

图2-31 "人物"的【属性】面板　　　　　　　　　图2-32 导入人物后的舞台效果

6. 制作标题。

(1) 新建图层并重命名为"标题下"层，选择【文本】工具 T ，打开【属性】面板，设置字体为"经典繁行书"、大小为"60"、填充颜色为"#FFFFFF",在舞台中输入文字"浪漫人生",其属性设置如图 2-33 所示,舞台效果如图 2-34 所示。

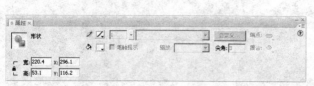

图2-33 "文字"【属性】面板

图2-34 舞台效果

(2) 新建图层并重命名为"标题上"层,选择【文字】工具 T,设置填充颜色为"#FF6600",输入相同的文字,其属性设置如图 2-35 所示,舞台效果如图 2-36 所示。

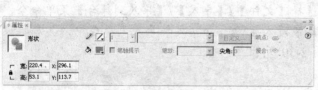

图2-35 "文字"【属性】面板

图2-36 舞台效果

(3) 此时,【时间轴】面板状态如图 2-37 所示。

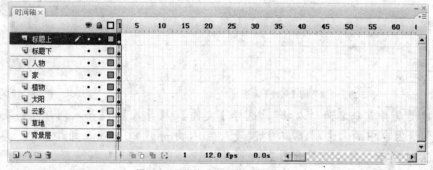

图2-37 最终的【时间轴】面板状态

7. 保存测试影片,完成动画的制作。

【案例小结】

通过本案例的学习,可使读者了解 Flash CS3 的基本绘图功能,初步掌握常用绘图工具的使用方法和技巧,同时也使读者认识到素材的制备是 Flash 动画制作的第一步。

2.2 导入和编辑图像

图像是 Flash 动画制作中最常用的元素,Flash CS3 支持导入的图像格式有 PNG、JPEG、BMP、GIF、AI 和 PSD 等,给动画素材的制备带来了很大的方便。

2.2.1　知识准备——导入图像的方法

下面将介绍 Flash CS3 导入图像的方法以及对图像的常用操作。

一、　导入图像的方法

(1)　导入到舞台。

选择【文件】/【导入】/【导入到舞台】菜单命令，打开【导入】对话框，选择要打开的图像，如图 2-38 所示，然后单击 ［打开(0)］ 按钮，将图片导入到舞台上。若要对图片设置动画，需先将其转换为元件；GIF 格式的动态图片导入舞台后，会自动分散到若干帧上，如图 2-39 所示。

图2-38　【导入】对话框

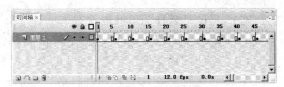
图2-39　【时间轴】状态

(2)　导入到库。

选择【文件】/【导入】/【导入到库】菜单命令，打开【导入到库】对话框，选择要打开的图像，如图 2-40 所示，然后单击 ［打开(0)］ 按钮，图像直接被导入到【库】面板中，显示为"位图"。若要对图片设置动画，需要先将其转化为元件；GIF 格式的动态图片导入到库后，会出现一个影片剪辑元件和若干位图，如图 2-41 所示。

图2-40　【导入到库】对话框

图2-41　导入 gif 图片后的【库】面板

　在将图像导入到舞台时，如果导入的图像文件夹中的图像是按照连续序号命名的，如图 2-42 所示，则 Flash CS3 会弹出图 2-43 所示的对话框，询问是否需要导入序列中所有的图像。单击 ［是(Y)］ 按钮则导入所有的图像，单击 ［否(N)］ 按钮则只导入所选图像。

图2-42 序列图像

图2-43 询问提示框

二、 对图片的常用操作

(1) 将图片从【库】面板中添加到舞台。

打开【库】面板，选择要添加到舞台上的图片，然后按住鼠标左键不放将其拖到相应的画布上。

(2) 将图片转换为可编辑状态。

选中舞台中的图片文件，按 Ctrl + B 快捷键将其打散。

(3) 剪切图片文件。

若需要进行剪切，先将图片打散，然后选择【选择】工具，选取相应的部分，或者选择【橡皮擦】工具将多余部分擦除。

(4) 组合图片。

将多张图片按需求排列后，全部选中转换为元件即可。

(5) 消除图片背景（纯色或者近似同样颜色的背景）。

先将图片打散，然后选择【套索】工具，工具箱的下方会出现【魔术棒】按钮、【魔术棒设置】按钮和【多边形模式】按钮，注意"魔术棒"图标是不是处在按下的状态，若"魔术棒"图标处在按下的状态，则鼠标放到位图上时，会变成魔术棒的形状，在背景处，单击鼠标左键，则会发现整个背景都被选中，按 Delete 键将其删除，如图 2-44 所示。若背景颜色不是纯色，则可以通过调节【魔术棒设置】的阈值来实现，默认是 10，数值越大，选择的颜色范围就越大。

图2-44 删除背景前后对比

2.2.2　典型案例——飙车一族

本案例重点讲解 Flash CS3 导入图片的方法和技巧。在动画的演示过程中，一辆越野车将从舞台飞奔而过。

【设计思路】

- 导入背景图片。
- 导入汽车图片
- 制作动画。

【设计效果】

创建图 2-45 所示效果。

图2-45　最终设计效果

【操作步骤】

1. 导入背景图片。

(1) 新建一个 Flash 文档，设置文档尺寸为 "500 像素×325 像素"，其他属性使用默认参数。

(2) 将默认的 "图层 1" 重命名为 "背景" 层，选择 "背景" 层的第 1 帧，然后选择【文件】/【导入】/【导入到舞台】菜单命令，打开【导入】对话框，如图 2-46 所示。

(3) 在【查找范围】下拉列表框中选择图像的路径并选择需要导入的图像，本例将打开教学资源包中的 "素材\第二章\飙车一族\飙车背景.bmp" 文件，如图 2-47 所示。

图2-46　【导入】对话框　　　　　　　　　图2-47　定位图片的位置

(4) 单击 打开(O) 按钮，将图片导入到舞台并与舞台居中对齐，效果如图 2-48 所示。

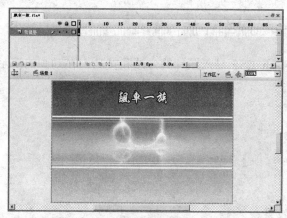

图2-48　场景效果

2. 导入汽车图片。

新建图层并重命名为"汽车"，选中"汽车"层的第1帧，用步骤1中相同的方法，将教学资源包中的"素材\第二章\飙车一族\越野车.png"文件导入到舞台中，如图2-49所示。

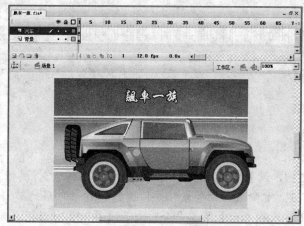

图2-49　场景效果

3. 制作动画。

(1) 选择舞台中的越野车图片，在【属性】面板中设置其属性如图2-50所示。

图2-50　【属性】面板

(2) 用鼠标右键单击越野车图片，在弹出的快捷菜单中选择【转换为元件】命令，打开【转换为元件】对话框，在【名称】中输入"疯狂越野车"，在【类型】中点选【影片剪辑】，最终效果如图2-51所示。

(3) 单击 确定 按钮，即可将图片转换为影片剪辑元件，在【库】面板中会出现一个名为"疯狂越野车"的影片剪辑元件，如图2-52所示。

图2-52　【库】面板

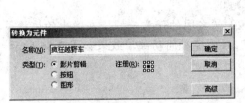

图2-51　【转换为元件】对话框

(4) 选中"背景"层的第 20 帧，按 F5 快捷键插入一个普通帧。选中"汽车"层的第 20 帧，按下 F6 快捷键插入一个关键帧。此时的【时间轴】状态如图 2-53 所示。

图2-53　【时间轴】状态

(5) 选择"汽车"层第 1 帧的"疯狂越野车"元件，在【属性】面板中设置其 x、y 坐标如图 2-54 中方形标记所示。此时，舞台效果如图 2-54 所示。

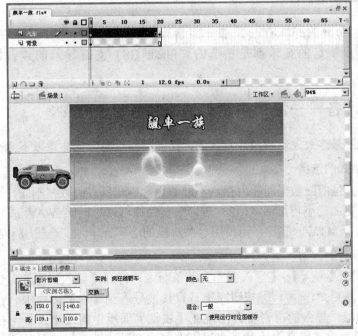

图2-54　舞台效果

(6) 选中"汽车"层第 20 帧的"疯狂越野车"元件，在【属性】面板中调整其 x、y 坐标如

图 2-55 所示。

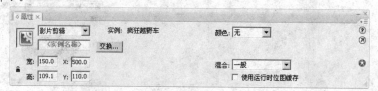

图2-55 【属性】面板

(7) 用鼠标右键单击"汽车"层上第 1 帧至第 20 帧之间的任意一帧，在弹出的快捷菜单中，选取【创建补间动画】选项，为"汽车"层创建补间动画，效果如图 2-56 所示。

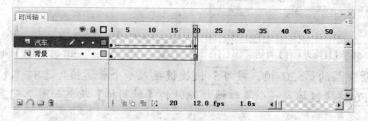

图2-56 创建补间动画后的效果

4. 保存测试影片，完成动画的制作。

【案例小结】

通过本案例的学习，可使读者熟悉导入图片的方法与技巧以及了解简单动画的制作，为以后的动画制作打下基础。

2.3 导入和编辑声音

一个 Flash 动画的好坏有一大部分因素涉及到动画的音乐，对于任何一个出色的 Flash 动画，其所挑选的音乐都是精选的。Flash CS3 支持导入的声音格式有 WAV、AIFF、MP3 等。

2.3.1 知识准备——使用声音的注意事项

声音对动画的最终效果影响是非常大的，在使用声音时应该注意以下几个方面。

一、 声音格式的选择

声音要占用大量的磁盘空间和内存，不同的声音格式所占的数据不同，选择合理的声音格式可以使动画更加的小巧灵活。MP3 声音数据经过压缩后，比 WAV 或 AIFF 声音数据小。MP3 一般用于 MTV 的制作，而使用一些小段的动感音乐时，一般用 WAV 就可以。

二、 导入声音的方法

选择【文件】/【导入】/【导入到库】菜单命令，打开【导入到库】对话框，选择要打开的声音文件，然后单击 打开① 按钮，声音直接被导入到【库】面板中。在【时间轴】上选中声音开始的帧，导入的声音将会出现在【属性】面板中的【声音】下拉列表中，如图 2-57 所示，然后通过【声音】下拉列表进行选择，音频文件最好单独放置一层。在某一层上插入音频文件后，对应【时间轴】上会显示出图 2-58 所示的声音波形图，到波形图结束时，即表明声音结束，若要继续播放，可以在此处再添加一个声音文件。

图2-57　【声音】下拉列表中的声音

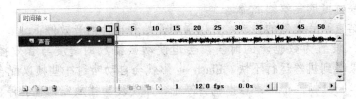

图2-58　声音波形图

三、声音属性的设置

读者可以使声音独立于时间轴连续播放，也可以令动画和音轨同步，或声音附在按钮上令按钮更富于回应性，使用声音淡入淡出，听起来更加优美。选中声音文件所在的层后，打开【属性】面板，可以对声音【效果】和【同步】进行设置。

(1) 效果设置，如图 2-59 所示。

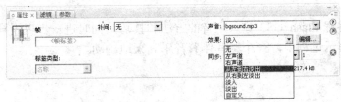

图2-59　【效果】下拉列表

- 左声道、右声道：系统播放歌曲时，默认是左声道播放伴音，右声道播放歌词。所以，若插入一首 mp3，想仅仅播放伴音的话，就选择左声道。想保留清唱的话，就选择右声道。
- 从左到右淡出、从右到左淡出：会将声音从一个声道切换到另一个声道。
- 淡入、淡出：淡入就是声音由低开始，逐渐变高。淡出就是声音由高开始，逐渐变低。
- 自定义：将打开【编辑封套】对话框，可以通过拖动滑块来调节声音的高低。最多可以添加 5 个滑块。窗口中显示的上下两个分区分别是左声道和右声道，波形远离中间位置时，表明声音高，靠近中间位置时，表明声音低。

要点提示 常用的是淡入淡出效果，设置 4 个滑块，开始在最低点，逐渐升高，平稳运行一段后，结尾处再设到最低即可。

(2) 同步设置，如图 2-60 所示。

图2-60　【同步】下拉列表

- 事件：将声音设置为事件，可以确保声音有效地播放完毕，不会因为帧已经播放完而引起音效的突然中断，制作该设置模式后声音会按照指定的重复播放次数全部播放完。
- 开始：将音效设定为开始，每当影片循环一次时，音效就会重新开始播放一次，如果影片很短而音效很长，就会造成一个音效未完而又开始另外一个音效，这样就造成音效的混杂。
- 停止：结束声音文件的播放，可以强制开始和事件的音效停止。
- 数据流：设置为数据流的时候，会迫使动画播放的进度与音效播放进度一致，如果遇到机器运行不快，Flash 电影就会自动略过一些帧以配合背景音乐的节奏。一旦帧停止，声音也就会停止，即使没有播放完，也会停止。

要点提示 其中应用最多的是【事件】选项，它表示声音由加载的关键帧处开始播放，直到声音播放完或者被脚本命令中断。而数据流选项表示声音播放和动画同步，也就是说如果动画在某个关键帧上被停止播放，声音也随之停止。直到动画继续播放的时候声音才开始从停止处开始继续播放，一般用来制作 MTV。

2.3.2 典型案例——青春猜想曲

本案例重点讲解 Flash CS3 导入声音的方法和技巧，同时进一步巩固导入图片的方法和技巧。在动画的演示过程中，一个舞者伴着音乐高兴地舞动。

【设计思路】
- 制作背景。
- 制作跳动的舞者。
- 导入声音。
- 把声音导入动画中。

【设计效果】

创建图 2-61 所示效果。

图2-61　最终设计效果

【操作步骤】

1. 制作背景。
(1) 新建一个 Flash 文档，设置文档尺寸为"500 像素×375 像素"，其他属性使用默认参数。
(2) 将默认的"图层 1"重命名为"背景"层并选择"背景"层的第 1 帧，选择【文件】/【导入】/【导入到舞台】菜单命令，将教学资源包中的"素材\第二章\青春狂想曲\背景图片.jpg"文件导入到舞台中，效果如图 2-62 所示。

图2-62　舞台效果

2.　制作跳动的舞者。

(1)　新建图层并重命名为"舞者"层，选中"舞者"层的第 1 帧，选择【文件】/【导入】/
　　　【导入到舞台】菜单命令，将教学资源包中的"素材\第二章\青春狂想曲\舞者.png"文
　　　件导入到舞台中，效果如图 2-63 所示。

图2-63　舞台效果

(2)　用鼠标右键单击舞台中的舞者图片，在弹出的快捷菜单中选择【转换为元件】命令，
　　　将舞者图片转换为名为"跳动的舞者"的影片剪辑元件。

(3)　双击舞台中的"跳动的舞者"元件，进入该元件的编辑状态。分别选中"图层 1"的第
　　　2 帧和第 3 帧，按下 F6 键，插入关键帧，效果如图 2-64 所示。

图2-64　元件编辑状态

(4) 选择第 2 帧舞台上的舞者，将其向下移动 5 个像素，而第 1 帧和第 3 帧的舞者不动。

(5) 单击 ⇐ 场景1 按钮，退出元件编辑，返回主场景。

3. 导入声音。

(1) 在"舞者"图层上面新建图层并重命名为"music"层。

(2) 选择【文件】/【导入】/【导入到库】菜单命令，打开【导入到库】对话框，如图 2-65 所示。

(3) 在【查找范围】下拉列表框中选择声音的路径并选择需要导入的声音，本案例将打开教学资源包中的"素材\第二章\青春猜想曲\bgsound.mp3"文件，如图 2-66 所示。

图2-65　【导入到库】对话框

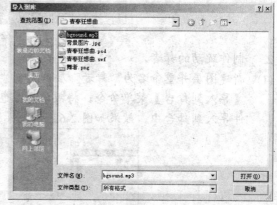

图2-66　选定要导入的声音

(4) 单击 打开⑨ 按钮，将选择的声音导入到【库】面板中，效果如图 2-67 所示。

图2-67　【库】面板

4. 把声音导入动画中。

选择"music"层的第 1 帧，在【属性】面板的【声音】下拉列表中选择刚才导入的声音，在【效果】下拉列表中选择【淡入】选项，在【同步】下拉列表中选择【事件】选项。【属性】面板中各选项的设置如图 2-68 所示。

图2-68　【属性】面板

5.　保存测试影片，完成动画的制作。

【案例小结】

通过本案例的学习，可使读者熟悉导入图片的方法与技巧，以及了解简单动画的制作，为以后的动画制作打下基础。

2.4　导入和编辑视频

Flash CS3 支持导入的视频格式包括：MPEG（动态图像专家组）、DV(数字视频)、MOV(QuickTime 电影)和 AVI 等。如果用户的系统安装了 QuickTime 4（或更高版本），在 Windows 和 Macintosh 平台就可以导入这些格式的视频。如果用户的 Windows 系统只安装了 DirectX 7（或更高版本），没有安装 QuickTime，则只能导入 MPEG、AVI 和 Windows 媒体文件（.wmv 和.asf）。

2.4.1　知识准备——导入视频的方法

选择【文件】/【导入】/【导入视频】菜单命令，打开【导入视频】对话框，通过此向导，可以选择将视频剪辑导入为流式文件、渐进式下载文件、嵌入文件还是链接文件，一般多使用嵌入视频文件的方式导入视频剪辑。嵌入视频剪辑将成为动画的一部分，就像导入的位图或矢量图一样，最后发布为 Flash 动画形式（.swf）或者 QuickTime（.mov）电影。如果要导入的视频剪辑位于本地计算机上，则可以直接选择该视频剪辑，然后导入视频；也可以导入存储在远程 Web 服务器或 Flash Communication Server 上的视频，方法是提供该文件的网络地址。

2.4.2　典型案例——金色童年

本案例重点讲解 Flash CS3 导入视频的方法和技巧。在动画的演示过程中，将展示一个孩子的写真视频。

【设计思路】

- 导入外框。
- 导入视频。
- 编辑视频。

【设计效果】

创建图 2-69 所示效果。

图2-69　最终设计效果

【操作步骤】

1.　导入外框。

(1)　新建一个 Flash 文档，设置文档尺寸为"350 像素×285 像素"，其他属性使用默认参数。

(2)　将默认的"图层 1"重命名为"视频"层，然后新建图层并重命名为"外框"层。

(3)　选择"外框"图层的第 1 帧，选择【文件】/【导入】/【导入到舞台】菜单命令，将教学资源包中的"素材\第二章\金色童年\外框.png"文件导入到舞台中并与舞台居中对齐，效果如图 2-70 所示。

图2-70　导入外框

2.　导入视频。

(1)　选择"视频"层的第 1 帧，选择【文件】/【导入】/【导入视频】菜单命令，打开【导入视频】对话框，效果如图 2-71 所示。

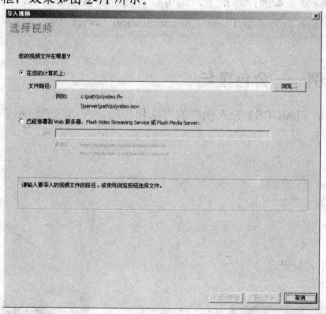

图2-71　【导入视频】对话框

(2)　单击对话框中 浏览... 按钮，打开【打开】对话框，在【查找范围】下拉列表中选择视频的路径并选择需要导入的视频，本例将打开教学资源包中的"素材\第二章\金色童年\金色童年.wmv"文件，如图 2-72 所示。

图2-72　【打开】对话框

(3)　单击 打开(O) 按钮，返回【导入视频】对话框，如图 2-73 所示。

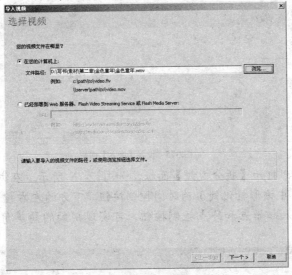

图2-73　【导入视频】对话框

(4)　单击 下一个> 按钮，打开【部署】面板，点选【在 SWF 中嵌入视频并在时间轴上播放】
单选钮，【部署】面板中各选项设置如图 2-74 所示。

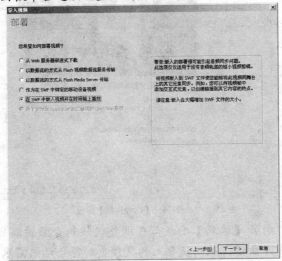

图2-74　设置【部署】面板

(5) 单击 下一个> 按钮，打开【嵌入】面板，在【符号类型】下拉列表框中选择【影片剪辑】选项，在【音频轨道】下拉列表框中选择【集成】选项并点选【先编辑视频】单选钮，如图 2-75 所示。

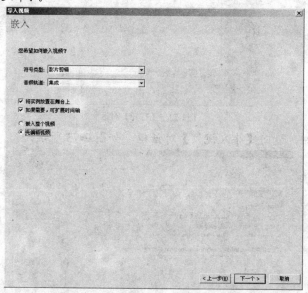

图2-75　设置【嵌入】面板

(6) 单击 下一个> 按钮，打开【拆分视频】面板，如图 2-76 所示。在浏览滑块上方的黄色控制按钮（图 2-76 中方形标记处）为时间控制按钮，下方的左右控制按钮（图 2-76 中圆形标记处）是导入起始点和终点控制按钮，可实现视频的简单剪辑。本例不进行任何操作。

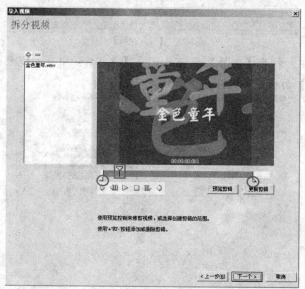

图2-76　【拆分视频】面板

(7) 单击 下一个> 按钮，打开【编码】面板，可调整视频和音频的编码器以及裁切与调整视频的大小，如图 2-77 所示。从而使导入的视频更加符合动画需求。

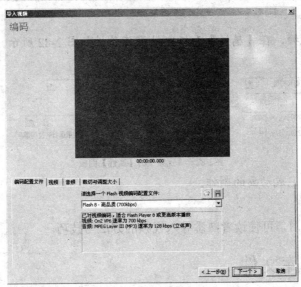

图2-77 【编码】面板

(8) 单击 下一个> 按钮，打开【完成视频导入】面板，如图 2-78 所示。

(9) 单击 完成 按钮，将开始按照先前配置导入视频，如图 2-79 所示。进度条完成后视频将导入到舞台中，效果如图 2-80 所示。【库】面板中将显示导入的视频和包含视频的影片剪辑元件，如图 2-81 所示。

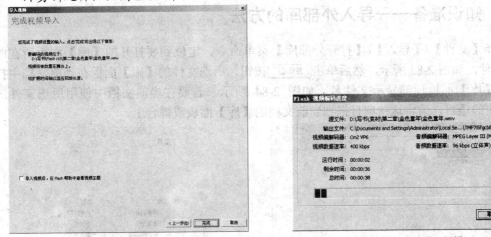

图2-78 【完成视频导入】面板

图2-79 正在导入视频

图2-80 导入的视频

图2-81 导入视频后的【库】面板

3. 编辑视频。

选择舞台中的视频，在【属性】面板中设置其属性如图 2-82 所示。

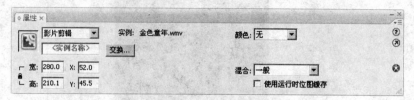

图2-82 "视频"的【属性】面板

4. 保存测试影片，完成动画的制作。

【案例小结】

通过本案例的学习，可使读者熟悉导入视频的方法与技巧。

2.5 导入外部库文件

导入外部库文件就是在当前 Flash 文档中打开另外一个文档的【库】，然后将里面的资源拖入到当前文档进行再一次的使用，从而可以实现 Flash 动画素材的重复使用，为 Flash 动画的制作提供方便。除此之外还可使用复制和粘贴资源或者拖放资源来实现元件在两个文档之间转换。

2.5.1 知识准备——导入外部库的方法

选择【文件】/【导入】/【打开外部库】菜单命令，定位到要打开的【库】面板所在的 Flash 文件，如图 2-83 所示，然后单击 打开(O) 按钮，所选文件的【库】面板在当前文档中打开并在【库】面板顶部显示文件名，如图 2-84 所示。若要在当前文档中使用所选文件的【库】中的项目，请将这些项目拖到当前文档的【库】面板或舞台上。

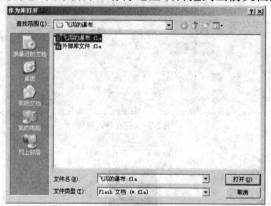

图2-83 定位外部库文件

图2-84 外部库

2.5.2 典型案例——展开的幸福

本案例重点讲解 Flash CS3 导入外部库文件的方法和技巧，在本例中将外部库中已经制作完成的遮罩效果导入到新的 Flash 文件中。在动画的演示过程中，将逐渐出现一张漂亮的图片。

【设计思路】

- 导入背景图片。
- 导入外部库。
- 选择元件。
- 制作遮罩效果。

【设计效果】

创建图 2-85 所示效果。

图2-85　最终设计效果

【操作步骤】

1. 导入背景图片。

(1) 新建一个 Flash 文档，设置文档尺寸为"400 像素×300 像素"，其他属性使用默认参数。

(2) 将默认的"图层 1"重命名为"背景"层，选择【文件】/【导入】/【导入到舞台】菜单命令，将教学资源包中"素材\第二章\展开的幸福\背景图片.jpg"文件导入到舞台中，其属性设置如图 2-86 所示，舞台效果如图 2-87 所示。

图2-86　"图片"的【属性】面板

图2-87　调整图片后的舞台

2. 导入外部库。

(1) 新建图层并重命名为"遮罩效果"层。选择【文件】/【导入】/【打开外部库】菜单命令，打开【作为库打开】对话框，如图 2-88 所示。

(2) 在【查找范围】下拉列表中选择外部库的路径，本例将打开教学资源包中的"素材\第二章\展开的幸福\外部库文件.fla"文件，如图 2-89 所示。

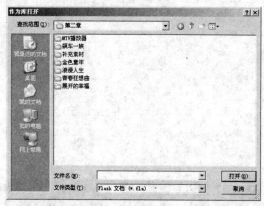

图2-88 【作为库打开】对话框

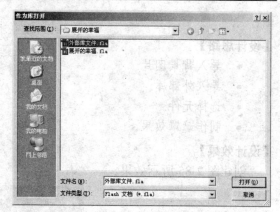

图2-89 选择打开的对象

(3) 单击 打开(0) 按钮,将打开【库-外部库文件.fla】面板,效果如图 2-90 所示。

3. 选择元件。

(1) 选中"遮罩效果"层的第 1 帧,然后选择【库-外部库文件.fla】面板中名为"遮罩效果"的影片剪辑元件,按住鼠标左键将该元件拖曳到舞台中。

要点提示 当把外部库中的元件拖入舞台后,元件以及与元件相关联的素材也随即进入当前文档的【库】面板中,如图 2-91 所示。

图2-90 【库—外部库文件.fla】面板

图2-91 【库】面板

(2) 选择舞台上的元件,其属性设置如图 2-92 所示,舞台效果如图 2-93 所示。

图2-93 调整元件位置后的舞台

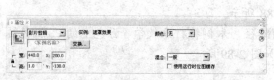

图2-92 "元件"的【属性】面板

4. 制作遮罩效果。

用鼠标右键单击"遮罩效果"层，在弹出的快捷菜单中选择【遮罩层】命令，此时的舞台效果如图 2-94 所示。

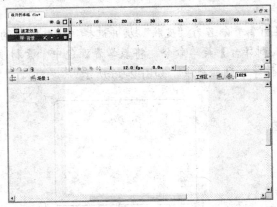

图2-94　完成遮罩层后的效果

5. 保存测试影片，完成动画的制作。

【案例小结】

通过对本案例的学习，读者可以熟悉导入外部库的方法与技巧，使用此方法可以在两个 Flash 源文件之间共享一些动画素材。

2.6　综合实例——MTV 播放器

本案例重点复习和巩固 Flash CS3 导入外部素材的方法与技巧。在动画演示过程中可以用鼠标单击舞台中的 3 个按钮来控制播放的视频内容。

【设计思路】

- 制作背景。
- 制作按钮。
- 制作标题。
- 导入视频。
- 输入控制代码。

【设计效果】

创建图 2-95 所示效果。

图2-95　最终设计效果

【操作步骤】

1. 制作背景。

(1) 新建一个 Flash 文档，设置文档尺寸为 "500 像素×350 像素"，其他属性使用默认参数。

(2) 将默认的 "图层 1" 重命名为 "皮肤" 层并选择 "皮肤" 层的第 1 帧，选择【文件】/【导入】/【导入到舞台】菜单命令，将教学资源包中 "素材\第二章\MTV 播放器\播放器皮肤.png" 文件导入到舞台中，如图 2-96 所示。

图2-96　舞台效果

2. 制作按钮。

(1) 新建两个图层，依次命名为 "按钮背景" 层和 "按钮" 层并把 "皮肤" 层拖动到 "按钮" 层的上面。此时的【时间轴】状态如图 2-97 所示。

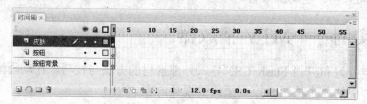

图2-97　【时间轴】状态

> 拖动图层位置的方法，只需在要拖动的图层上，按住鼠标左键不放，上下移动鼠标就可拖动选中的图层。

(2) 选中 "按钮背景" 图层。选择【矩形】工具 ，设置笔触颜色为 "#999999"，填充颜色为 "#CC9900" 并且其 Alpha 值为 "50%"，在【颜色】面板中各参数设置如图 2-98 中方形标记所示。

(3) 在舞台中绘制一个长方形，其属性设置如图 2-99 所示，舞台效果如图 2-100 所示。

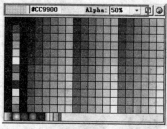

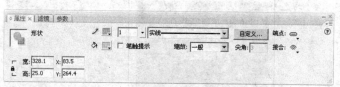

图2-98　【颜色】面板　　　　　　　　　　　图2-99　【属性】面板

(4) 选择 "按钮" 层，选择【文件】/【导入】/【打开外部库】菜单命令，将教学资源包中的 "素材\第二章\MTV 播放器\MTV 播放器.fla" 文件打开，将【库-MTV 播放

器.fla】面板中名为"按钮 1"的按钮元件拖到舞台上，设置其【实例名称】为
"anniu1"（图 2-101 中的方形标记所示），其属性设置如图 2-101 所示。

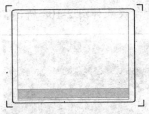

图2-100 舞台效果

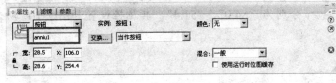

图2-101 "按钮 1"的【属性】面板

(5) 用同样的方法将"按钮 2"和"按钮 3"拖动到舞台中，其属性设置分别如图 2-102 和
图 2-103 所示，舞台效果如图 2-104 所示。

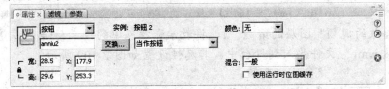

图2-102 "按钮 2"的【属性】面板

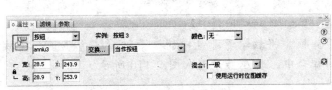

图2-103 "按钮 3"的【属性】面板

图2-104 舞台效果

3. 制作标题。

在"皮肤"层上面新建图层并重命名为"标题"层。选择【文本】工具 T，设置字体
为"隶书"、字体大小为"20"、填充颜色为"黑色"，在按钮的右边输入"MTV 播放
器"，效果如图 2-105 所示。

4. 导入视频。

(1) 新建图层并重命名为"播放的视频"，将其拖到最底层并分别在第 2 帧和第 3 帧处按 F7
键插入一个空白关键帧。同时，分别在其他图层的第 3 帧处按 F5 快捷键插入一个普通
帧。此时的【时间轴】状态如图 2-106 所示。

图2-105 舞台效果

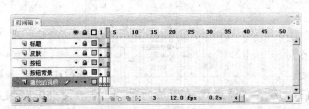

图2-106 【时间轴】状态

(2) 选择"播放的视频"层的第 1 帧，选择【文件】/【导入】/【导入视频】菜单命令，打

开【导入视频】向导，将教学资源包中的"素材\第二章\MTV 播放器\自然之美.wmv"文件以影片剪辑元件的形式导入到舞台并设置其大小为"326.6×245.0"，位置坐标 x、y 分别为"84.0"、"51.4"，其属性设置如图 2-107 所示，舞台效果如图 2-108 所示。

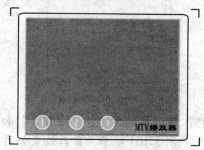

图2-107　"自然之美.wmv"的【属性】面板

图2-108　舞台效果

(3) 选择"播放的视频"图层的第 2 帧，将教学资源包中的"素材\第二章\MTV 播放器\感受自然.wmv"文件导入到舞台中，其属性设置如图 2-109 所示。

图2-109　"感受自然.wmv"的【属性】面板

(4) 选择"播放的视频"图层的第 3 帧，将教学资源包中的"素材\第二章\MTV 播放器\聆听自然.wmv"文件导入到舞台中，其属性设置如图 2-110 所示。

图2-110　"聆听自然.wmv"的【属性】面板

5.　输入控制代码。

(1) 在"标题"层上面新建两个图层，依次命名为"停止代码"层和"按钮代码"层。

(2) 分别选择"停止代码"层的第 2 帧和第 3 帧，按下 F7 键插入空白关键帧，此时的【时间轴】状态如图 2-111 所示。

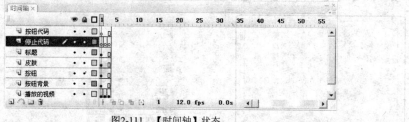

图2-111　【时间轴】状态

(3) 选中"停止代码"层的第 1 帧，按 F9 快捷键打开【动作－帧】面板，输入代码"stop();"，效果如图 2-112 所示。

(4) 用同样的方法，分别给"停止代码"层的第 2 帧和第 3 帧输入代码"stop();"。

(5)　选中"按钮代码"层的第 1 帧，按 F9 快捷键打开【动作－帧】面板，输入如下代码，效果如图 2-113 所示。

```
anniu1.addEventListener(MouseEvent.CLICK, goTo1);
function goTo1(event:MouseEvent):void {
    this.gotoAndStop(1);
}
anniu2.addEventListener(MouseEvent.CLICK, goto2);
function goto2(event:MouseEvent):void {
    this.gotoAndStop(2);
}
anniu3.addEventListener(MouseEvent.CLICK, goTo3);
function goTo3(event:MouseEvent):void {
    this.gotoAndStop(3);
}
```

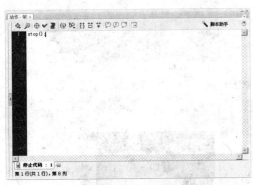
图2-112　【动作－帧】面板

图2-113　【动作－帧】面板

6.　保存测试影片，完成动画的制作。

【案例小结】

通过本案例的学习，让读者更加熟悉 Flash CS3 导入外部素材的方法，初步认识使用简单的代码来控制动画的方法与技巧。

小结

在本章中通过对实例的剖析让读者对 Flash 基本工具以及各种导入功能有一个全面的了解和把握。每一个 Flash 动画作品都要通过这些方法来获得素材，要做出精美的 Flash 动画作品，必须学会这些设计工具的使用方法。

思考与练习

问答题

1.　Flash 动画素材的制备主要有哪些手段？

2.　Flash CS3 的工具可分哪几类？

3. Flash CS3 导入的声音格式主要有哪些？

操作题

1. 绘制图 2-114 所示的太阳。

图2-114 太阳设计效果

2. 使用导入声音功能，制作图 2-115 所示的动态按钮。当鼠标滑过按钮时会听到一个声音，鼠标单击按钮后会听到另一个声音。

弹起状态

鼠标滑过和单击状态

图2-115 动态按钮设计效果

3. 使用导入视频功能，制作图 2-116 所示的动画。

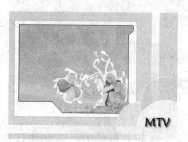

图2-116 MTV 最终设计效果

第3章 元件和库的应用

在 Flash 作品中，经常会看到 Flash 源文件的【库】中有各种类型的元件，而"库"和"元件"是 Flash 中重要的组成部分，下面将介绍元件和库的相关知识，帮助读者建立起元件和库的概念并能掌握元件的创建和使用方法。

【学习目标】

- 了解元件和库的概念。
- 了解公用库的概念。
- 通过实战灵活掌握元件和库的使用。

3.1 使用元件和素材库

本节主要介绍元件和库的概念，并通过实例来展示其使用方法。

3.1.1 知识准备——认识元件和库

在制作动画之前，首先来了解一下元件和库的基本知识。

一、元件和库的概念

元件是 Flash 动画中的重要元素，是指创建一次即可以多次重复使用的图形、按钮或影片剪辑，而元件是以实例的形式来体现，库是容纳和管理元件的工具。形象地说，元件是动画的"演员"，而实例是"演员"在舞台上的"角色"，库是容纳"演员"的"房子"，如图 3-1 所示，舞台上的图形如"樱桃"、"盘子"和"叶子"等都是元件，都存在于【库】中，如图 3-2 所示。

图3-1 元件在舞台上的显示

图3-2 元件和库

元件只需创建一次，就可以在当前文档或其他文档中重复使用，并且使用的元件都会自动成为当前文档库的一部分。每个元件都有自己的时间轴、关键帧和图层，如图 3-3 和图 3-4 所示。

图3-3 库面板

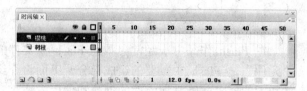

图3-4 元件中的时间轴

二、 使用元件的优点

使用元件可以简化动画的编辑。在动画编辑过程中，把要多次使用的元素做成元件，如果修改该元件，那么应用于动画中的所有实例也将自动改变，而不必逐一修改，大大节省了制作时间，图 3-1 中所示的"樱桃"，如果想改变"樱桃"的形状，如果没有元件，修改起来就很费力了。

重复的信息只被保存一次，而其他引用就只保存引用指针，因此使用元件可以使动画的文件尺寸大大减小。

元件下载到浏览器端只需要一次，因此可以加快电影的播放速度。

三、 元件的类型

元件的类型有 3 种，即图形元件、按钮元件和影片剪辑元件。

图形元件可以用于静态图像，并可以用于创建与主时间轴同步的可重复使用的动画片段。图形元件与主时间轴同步运行，也就是说，图形元件的时间轴与主时间轴重叠。例如，如果图形元件包含 10 帧，那么要在主时间轴中完整播放该元件的实例，主时间轴中需要至少包含 10 帧。另外，在图形元件的动画序列中不能使用交互式对象和声音，即使使用了也没有作用。

按钮元件可以创建响应鼠标弹起、指针经过、按下和点击的交互式按钮。

影片剪辑元件创建可以重复使用的动画片段。例如，影片剪辑元件有 10 帧，在主时间轴中只需要 1 帧即可，因为影片剪辑将播放它自己的时间轴。

3.1.2 典型案例 1——可口的樱桃

本案例主要用到了图形元件和影片剪辑元件，以此来学习两种元件的区别和使用技巧，建议读者亲自绘制案例中的图形，以便练习 Flash CS3 中绘图工具的使用方法。

【设计思路】

- 背景制作。
- 标题制作。
- 樱桃图形的绘制。
- 布置场景。
- 诗的制作。

- 添加声音。

【设计效果】

创建图 3-5 和图 3-6 所示效果。

图3-5　效果图 1

图3-6　效果图 2

【操作步骤】

1. 背景制作。

(1) 新建一个 Flash 文档，文档属性使用默认参数。

(2) 将默认"图层 1"重命名为"背景"层，在舞台上绘制图 3-7 所示的矩形，填充颜色的类型为"线性"，颜色设置如图 3-8 所示，其中设置第 1 个色块颜色为"#33CC00"，第 2 个色块颜色为白色，第 3 个色块颜色为"#94E31C"。然后利用🔧工具调节渐变颜色。

图3-7　背景的效果

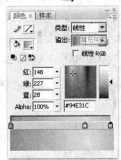

图3-8　背景颜色的设置

2. 标题制作。

(1) 在"背景"图层上面创建图层并重命名为"标题"层，在舞台上输入文字"可口的樱桃"，设置字体为"汉仪咪咪体简"（读者也可以设置一种自己喜欢的字体），设置字体颜色为"白色"，字体大小为"35"，其属性设置如图 3-9 所示。

图3-9　设置标题的字体

(2) 打开【滤镜】面板，为标题文字添加投影效果，各选项设置如图 3-10 所示，文字效果如图 3-11 所示。

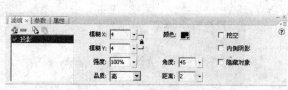

图3-10 设置滤镜效果　　　　　　　　　　　　　　　图3-11 标题的效果

3. 樱桃图形的绘制。

(1) 选择【插入】/【新建元件】菜单命令，新建一个图形元件并命名为"整体"，单击 确定 按钮，进入元件内部进行编辑。

(2) 在编辑区域中，将默认的"图层 1"重命名为"树枝"层，在舞台上使用【线条】工具 ＼ 绘制图 3-12 所示的图形，其中设置线条的笔触高度为"3"，颜色为"#660000"，然后选择绘制完成的"树枝"，按 F8 快捷键将其转化为图形元件并命名为"树枝"。

(3) 在"树枝"图层上面新建图层并重命名为"樱桃"层，然后使用【椭圆】工具 ○ 绘制图 3-13 所示的图形。在【颜色】面板中设置笔触颜色为"无"，填充色为"放射状"，然后调节颜色，设置 3 个色块，从左至右 3 个色块颜色分别为"#FFFFFF"，"#FF6600"和"#FF0000"。同样，将其转化为图形元件并命名为"樱桃"。

(4) 选择【插入】/【新建元件】菜单命令，新建一个图形元件并命名为"树叶"，单击 确定 按钮，进入元件内部进行编辑。

(5) 在舞台上使用【线条】工具 ＼ 绘制图 3-14 所示的图形并设置其笔触高度为"1"，笔触颜色为"#000000"，填充色为"#33CC66"。

图3-12 绘制树枝　　　　　　图3-13 绘制樱桃　　　　　　图3-14 绘制树叶

(6) 选择【文件】/【导入】/【打开外部库】菜单命令，打开教学资源包中的"素材\第三章\可口的樱桃.fla"文件，将【库-可口的樱桃.fla】面板中名为"盘子"的图形元件复制到当前【库】中。双击【库】面板中的"盘子"元件，进入"盘子"元件的内部，其形态如图 3-15 所示，这时，【库】面板状态如图 3-16 所示。

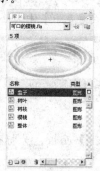

图3-15 盘子　　　　　　　　　　　　　　图3-16 【库】面板显示

4. 布置场景。

(1) 返回主场景中，在"标题"层上面新建图层并重命名为"盘子"层，将【库】面板中名为"盘子"的图形元件拖曳到舞台中并设置它的大小和位置，具体设置如图 3-17 和图 3-18 所示，舞台效果如图 3-19 所示。

(2) 在"盘子"层上面新建图层并重命名为"樱桃"，将【库】面板中名为"整体"的图形元件拖曳到舞台中，利用复制和旋转等方法在舞台中放置多颗"樱桃"，舞台效果如图 3-20 所示。

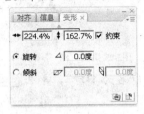

图3-17　设置盘子的大小

图3-18　设置盘子的位置

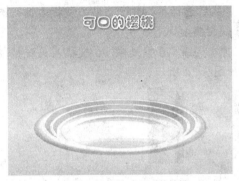

图3-19　添加盘子后的效果

图3-20　添加樱桃后的效果

(3) 在"樱桃"图层上面新建图层并重命名为"树叶"层，将【库】面板中名为"树叶"的图形元件拖曳到舞台中，在舞台中放置"树叶"，效果如图 3-21 所示。

图3-21　添加树叶后的效果

5. 诗的制作。

(1) 在"树叶"图层上面新建图层并重命名为"诗"层，在舞台上输入文字"诗"，字体的属性设置如图 3-22 所示，字体颜色设置为"白色"，最后舞台效果如图 3-23 所示。

49

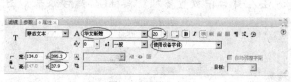

图3-22　设置文本属性

图3-23　在舞台上写入诗

(2) 选择输入的文字，按 **F8** 键将其转化为影片剪辑元件并命名为"诗"，单击 **确定** 按钮，然后双击舞台上的"诗"元件，进入元件内部编辑。

(3) 选择"图层 1"中的文字，连续两次按 **Ctrl** + **B** 快捷键将文字打散。选择【时间轴】上第 1 帧，单击鼠标右键，选择【剪切帧】命令。然后选择第 70 帧，单击鼠标右键，选择【粘贴帧】命令。最后选择第 345 帧，按 **F5** 快捷键插入帧。

(4) 在"图层 1"上面新建图层并重命名为"遮罩"层，在第 70 帧处按 **F6** 键插入关键帧，然后在舞台上文字的右边绘制一个矩形，效果如图 3-24 所示。

图3-24　绘制矩形

(5) 在第 78 帧处按 **F6** 键，插入关键帧。然后调整此时的矩形，将第 1 竖排的文字遮住。

(6) 分别在第 110 帧和第 120 帧处按 **F6** 键，插入关键帧，然后调整第 120 帧处的矩形，将第 2 竖排的文字遮住。

(7) 使用同样的方法在第 160 帧和 170 帧、第 210 帧、第 220 帧、第 260 帧、第 270 帧、第 305 帧、第 315 帧插入关键帧并调整矩形的形状。

> **要点提示**　在创建第 160 帧后的矩形形状时，要分别创建关键帧，如将第 120 帧的矩形调好后才在第 160 帧处插入关键帖，同理要将第 170 帧处的矩形调整好后才在第 210 帧插入关键帧。在第 170、第 220、第 270、第 315 帧处都分别要将 1 竖排的文字遮住即可。

(8) 分别在第 70 帧和第 78 帧、第 110 帧和第 120 帧、第 160 帧和第 170 帧、第 210 帧和第 220 帧、第 260 帧和第 270 帧、第 305 帧和第 315 帧之间创建补间形状动画。

(9) 右键单击图层"遮罩"，选择【属性】命令，然后将它设置为遮罩层，用同样的方法将"图层 1"设置为被遮罩层，此时，元件时间轴状态如图 3-25 和图 3-26 所示。

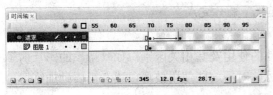

图3-25　时间轴显示

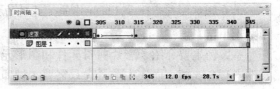

图3-26　时间轴显示

要点提示　有关创建补间形状动画的概念在后面的章节中具体介绍，这里创建遮罩是为了朗诵诗歌时，声音和画面同步，从而达到意想不到的效果。

6. 添加声音。

(1) 选择【文件】/【导入】/【打开外部库】菜单命令，打开教学资源包中的"素材\第三章\可口的樱桃.fla"文件，将【库-可口的樱桃.fla】面板中名为"声音"的文件夹复制到当前【库】中，此时【库】面板的状态如图 3-27 所示。

(2) 在"诗"影片剪辑元件中，新建一个图层，重命名为"朗诵"，然后分别在第 78 帧、第 120 帧、第 170 帧、第 220 帧、第 270 帧处插入关键帧，分别添加声音"诗题"、"第 1 句"、"第 2 句"、"第 3 句"、"第 4 句"。

要点提示　添加声音的方法为：选择要添加的关键帧，在【属性】面板中【声音】选项添加声音，如图 3-28 所示。

图3-27　【库】面板

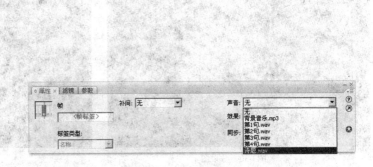

图3-28　【属性】面板

(3) 新建一个图层，重命名为"背景音乐"，在第 5 帧处使用添加声音的方法添加背景音乐。

(4) 此时，影片剪辑"诗"的【时间轴】面板状态如图 3-29 所示。

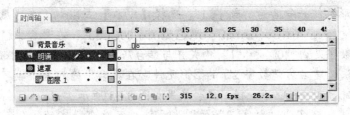

图3-29　时间轴显示

7. 保存测试影片，一个 Flash 作品 "可口的樱桃" 制作完成。

【案例小结】

本案例主要介绍了影片剪辑元件和图形元件的使用及其相关区别，如 "诗" 的影片剪辑元件中有 345 帧，而在主场景中只需要 1 帧即可，对于这些使用技巧，读者需要勤加练习，才能提高自己用 Flash 制作动画的能力。

3.1.3 典型案例 2——数字雨屏保

本案例主要用到了图形元件和影片剪辑元件，来表达 Flash 中动态效果，本例还运用了一些简单的脚本语言，读者可以在本小节先熟悉一下这些程序，在后面的章节中将会详细介绍程序的使用方法。

【设计思路】

- 创建数字图形元件。
- 制作动态的流动效果。
- 布置场景。
- 创建动态文本。
- 添加脚本语言。

【设计效果】

创建图 3-30 和图 3-31 所示效果。

图3-30　效果图1

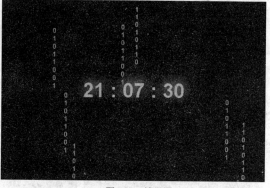

图3-31　效果图2

【操作步骤】

1. 创建数字图形元件。

(1) 新建一个 Flash 文档，设置文档大小为 "600 像素×400 像素"，背景颜色设置为 "黑色"，帧频设置为 "48"，其他属性保持默认参数。

(2) 新建一个图形元件并命名为 "数字 1"，选择【文本】工具 T，在【属性】面板中设置字体大小为 "15"，字体为 "Arial"，颜色为 "＃00CC33"，在舞台中输入竖排的 8 个数字，这 8 个数字是由 "0" 和 "1" 构成并与舞台居中，舞台效果如图 3-32 所示。

(3) 用同样的方法新建名为 "数字 2" 的图形元件，在舞台中输入 8 个数字，这 8 个数字组合和图形元件 "数字 1" 不一样，舞台效果如图 3-33 所示。

(4) 用同样的方法新建名为 "数字 3" 的图形元件，只改变数字的组合，字体大小设置为

"13"，其他设置和前面的图形元件一样，舞台效果如图 3-34 所示。

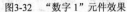

图3-32　"数字1"元件效果　　　图3-33　"数字2"元件效果　　　图3-34　"数字3"元件效果

2.　制作动态的流动效果。

(1)　新建一个影片剪辑元件并命名为"流动 1"，将【库】面板中名为"数字 1"的图形元件拖曳到舞台中并设置其属性，如图 3-35 所示。选择第 45 帧，按 F6 快捷键插入关键帧，设置此时图形的属性，如图 3-36 所示。选择第 50 帧，按 F5 快捷键插入帧，在第 1 帧到第 45 帧之间创建补间动画。此时，元件"流动 1"的【时间轴】面板状态如图 3-37 所示。

图3-35　【属性】面板

图3-36　【属性】面板

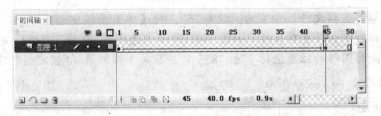

图3-37　时间轴显示

(2)　新建一个影片剪辑元件，命名为"流动 2"，将【库】面板中名为"数字 1"的图形元件拖曳到舞台中并设置其属性，如图 3-38 所示。选择第 150 帧，按 F6 快捷键插入关键帧，设置此时图形的位置坐标 y 为"855.4"。在第 1 帧到第 150 帧之间创建补间动画。

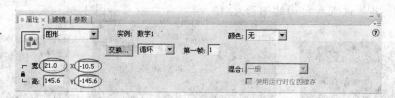

图3-38 【属性】面板

(3) 新建一个影片剪辑元件并命名为"流动 3",将【库】面板中名为"数字 2"的图形元件拖曳到舞台中,并设置其属性,如图 3-39 所示。选择第 60 帧,按 F6 快捷键插入关键帧,设置此时图形的位置坐标 y 为"825.1"。在第 1 帧到第 60 帧之间创建补间动画。

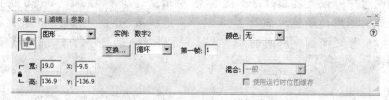

图3-39 【属性】面板

(4) 新建一个影片剪辑元件,命名为"流动 4"。选择第 60 帧,按 F6 快捷键插入关键帧,此时将【库】面板中名为"数字 3"的图形元件拖曳到舞台中并设置其属性,如图 3-40 所示。选择第 130 帧,按 F6 快捷键插入关键帧,设置此时图形的位置坐标 y 为"793.1"。在第 60 帧到第 130 帧之间创建补间动画。

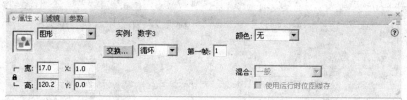

图3-40 【属性】面板

(5) 新建一个影片剪辑元件,命名为"流动 5"。将【库】面板中名为"数字 1"的图形元件拖曳到舞台中并设置其属性,如图 3-41 所示。选择第 40 帧,按 F6 快捷键插入关键帧,设置此时图形的位置坐标 y 为"855.4"。在第 1 帧到第 40 帧之间创建补间动画。

图3-41 【属性】面板

(6) 新建一个影片剪辑元件,命名为"流动 6",将【库】面板中名为"数字 2"的图形元件拖曳到舞台中并设置其属性,如图 3-42 所示。选择第 85 帧,按 F6 快捷键插入关键帧,设置此时图形的位置坐标 y 为"1462.1"。在第 1 帧到第 85 帧之间创建补间动画。

图3-42 【属性】面板

(7) 新建一个影片剪辑元件，命名为"流动 7"，将【库】面板中名为"数字 1"的图形元件拖曳到舞台中并设置其属性，如图 3-43 所示。选择第 90 帧，按 F6 快捷键插入关键帧，设置此时图形的位置坐标 y 为"728.6"。在第 1 帧到第 90 帧之间创建补间动画。

图3-43 【属性】面板

要点提示 在制作"流动"效果时，不一定完全按照上面的设置，只要保证在制作过程中，将数字元件放入舞台后，元件可以从舞台的下方出去就可以了。而速度主要为了体现动态的视觉效果，这一点需要读者慢慢体会学习。

3. 布置场景。
(1) 返回主场景中，将默认"图层 1"重命名为"数字"层。
(2) 将【库】面板中的元件"流动 1"、"流动 2"、"流动 3"、"流动 4"、"流动 5"、"流动 6"、"流动 7"拖曳到舞台中，调整它们的位置。按住 Alt 键进行复制操作。最后舞台效果如图 3-44 所示。

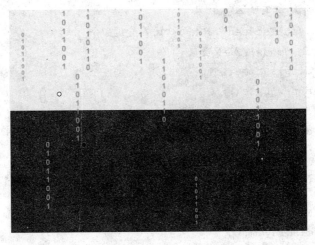

图3-44 舞台效果

要点提示 这里为了达到下落逼真的效果，相同的元件要放在不同位置，使它们的下落有时间差，在复制元件时，不要复制太多，否则达不到预期效果，每个元件复制 3~4 个即可。

4. 创建动态文本。

(1) 在"数字"图层上面新建图层并重命名为"时间"层，选择 T 工具，在舞台中创建一个动态文本，颜色为"#33CCCC"并将动态文本命名为"outtime"，其属性设置如图 3-45 所示。

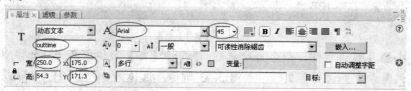

图3-45 【属性】面板

(2) 为文本添加滤镜效果，【滤镜】面板中各选项设置如图 3-46 和图 3-47 所示，其中，投影的颜色设置为"#00CCFF"。

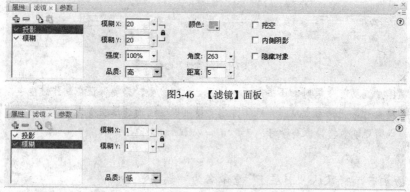

图3-46 【滤镜】面板

图3-47 【滤镜】面板

5. 添加脚本语言。

在"时间"图层上面新建图层并重命名为"AS"层，选择第 1 帧按 F9 快捷键打开【动作-帧】面板，输入以下脚本。

```
fscommand("fullscreen", "true");//全屏命令
var date,dh,dm,ds;//定义变量
function displaytime() {
    date = new Date();
    dh = date.getHours();
    dm = date.getMinutes();
    ds = date.getSeconds();
    outtime.text = dh + " : " + displaydm()+" : " +displayds();
}// End of the function
//提取系统时间，并在文本"outtime"中显示
function displaydm()
{
    if (dm < 10)
    {
        return("0" + dm);
```

```
        }
        else
        {
            return(dm);
        } // end if
}//如果分钟小于 10，则输出"01～09"中的数，否则直接输出。
function displayds()
{
    if (ds < 10)
    {
        return("0" + ds);
    }
    else
    {
        return(ds);
    } // end if
}//如果秒小于 10，则输出"01～09"中的数，否则直接输出。
    setInterval(displaytime,1000);//每 1000 毫秒（1 秒）执行函数 function
displaytime()一次。
```

6. 保存测试影片，一个动态的"数字雨屏保"作品完成。

【案例小结】

本案例主要应用了图形元件和影片剪辑元件的相互配合，使制作的动画效果更加逼真。本案例还反映了影片剪辑元件和图形元件之间的区别，关于更多的操作技巧还需要读者认真体会。

3.2　使用公用库

本小节主要介绍公用库的相关知识，并通过实例讲解具体的使用方法以及产生的效果。

3.2.1　知识准备——认识公用库

公用库是 Flash 动画制作的一个比较重要的设计工具，可以直接使用公用库里面的按钮元件，也可以为公用库添加素材库元件。

一、　公用库的概念

公用库是 Flash 软件本身自带的库，里面包括很多有用的元件，而且都是系统现成的。当然也可以进行编辑，达到读者想要的效果为止。

二、　公用库包括的类型

(1) 学习交互，里面主要包含了一些基本的交互界面，可以进行简单的交互操作，如图 3-48 所示。但是在 Flash CS3 中一般不用，因为它支持的是 AS2.0，对 AS3.0 不支持。

(2) 按钮，这是公用库中最常使用的元件，里面包含了各种各样的按钮，而且设计大方漂亮，读者在设计时可以直接使用里面的元件，方便快捷，图 3-49 所示为按钮公用库。

(3) 类，这在公用库中也很少用到，初学者一般不使用，如图 3-50 所示。

图3-48 【学习交互】公用库

图3-49 【按钮】公用库

图3-50 【类】公用库

 在使用公用库时，初学者一般都会用到按钮里的元件，其他两个一般很少用，而且在制作动画时，要和动画的背景、环境等相关因素进行搭配。所以一般情况下，制作动画作品时，都需要将公用库里的元件进行修改完善，达到自己的满意效果。

三、 创建公用库

要创建一个公用库，首先选择需要作为公用库的源文件，即 ".fla" 文件，复制到 C:\DocumentsandSettings\Administrator（用户名）\LocalSettings\ApplicationData \Adobe\zh_cn \Configuration\Libraries 或（安装目录）\Adobe\Adobe Flash CS3\zh_cn\Configuration\Libraries 文件路径下，在该路径下可以创建多个公用库文件，但是多了也很麻烦，读者一定要管理好这些文件。以创建"家具 01"公用库为例，这里已经将源文件"家具 01.fla"复制到指定目录下，如图 3-51 所示。

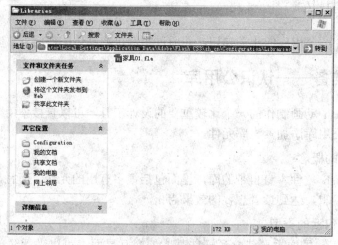

图3-51 复制文件

新建一个 Flash 文档，执行【窗口】/【公用库】菜单命令，可以看到除了系统自带的

"学习交互"、"按钮"、"类"以外，还有新添加的"家具 01"公用库，单击【家具 01】公用库，可以打开"家具 01.fla"中的库，将【库】中的元件拖曳到舞台，如图 3-52 所示，元件就已经出现在当前文档【库】中，如图 3-53 所示。

图3-52　舞台显示　　　　　　　　　　　　　　　　　图3-53　【库】面板

3.2.2　典型案例——生日贺卡

本案例将介绍如何使用公用库来制作动画作品，帮助读者了解制作动画的方法。

【设计思路】

- 创建公用库。
- 创建 Flash 文档。
- 布置场景。

【设计效果】

创建图 3-54 和图 3-55 所示效果。

图3-54　效果图 1　　　　　　　　　　　　　　　　图3-55　效果图 2

【操作步骤】

1. 创建公用库。

将教学资源包中的"素材\第三章\birthday.fla"文件复制到"C:\Documents and Settings\Administrator\LocalSettings\ApplicationData\Adobe\FlashCS3\zh_cn\Configuration\Libraries"目录下。

2. 创建 Flash 文档。

(1) 新建一个 Flash 文档，设置文档大小为"450 像素×321 像素"，背景颜色设置为"黑色"，其他属性保持默认参数。

(2) 选择【窗口】/【公用库】/【birthday】菜单命令，打开【库-birthday.fla】面板，将里面所有的元件内容复制到当前文档的【库】面板中，结果如图 3-56 所示。

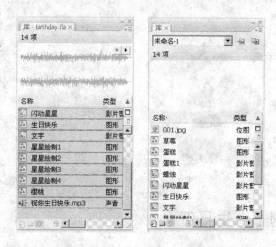

图3-56　复制元件

3. 布置场景。

(1) 将默认"图层 1"重命名为"背景"层，将【库】面板中"001.jpg"的图片拖曳到舞台中并与舞台居中对齐，效果如图 3-57 所示。

(2) 在"背景"图层上面新建图层并重命名为"星星"层，将【库】面板中的"闪动星星"影片剪辑元件拖曳到舞台中，然后复制元件，将星星布置到舞台上，效果如图 3-58 所示。

图3-57　加入背景图　　　　　　　　　　图3-58　添加星星

(3) 在"星星"图层上面新建图层并重命名为"蛋糕"层，将【库】面板中的"蛋糕1"影片剪辑元件拖曳到舞台中并设置坐标 x、y 分别为"98"、"263.4"，效果如图 3-59 所示。

(4) 在"蛋糕"图层上面新建图层并重命名为"生日快乐"层，将【库】面板中的"文字"影片剪辑元件拖曳到舞台中并设置坐标 x、y 分别为"256.8"、"108"，效果如图 3-60 所示。

图3-59 添加蛋糕

图3-60 添加文字

(5) 最后在"生日快乐"层上面新建图层并重命名为"背景音乐"层，选择第 1 帧，在
【属性】面板中添加声音，其属性设置如图 3-61 所示。

图3-61 添加背景

(6) 这时，主时间轴状态如图 3-62 所示。

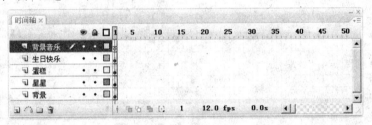

图3-62 时间轴显示

4. 保存测试影片，一个"生日贺卡"作品制作完成了。

【案例小结】

本案例主要介绍如何创建及如何使用公用库的相关知识，为读者以后使用公用库做好相应的知识准备。

小结

本章主要从元件出发，初步让读者了解制作动画的流程和技巧，并掌握一些基础的理论知识，例如影片剪辑和图形元件的区别及其在使用上有何不同。读者除了学习本章的知识点外，还需要多练习、多思考，从中总结知识点，归纳经验。

思考与练习

1. 使用元件有什么优点？
2. 元件主要包括哪几种类型？

3. 影片剪辑元件和图形元件有哪些区别？举例说明。

4. 如果想将常用的矢量素材库放入公用库中，怎样操作？

5. 绘制一个圆形，设置填充色为"#FF6600"，制作一个图形元件，然后将它拖曳到舞台，将其颜色分别改变为"#CC00CC"，"#000000"，"#00CC00"，最终参考设计效果如图 3-63 所示。

6. 将教学资源包中的"素材\第三章\制作情人节贺卡.fla"文件导入到公用库中，然后使用"情人节贺卡"公用库进行舞台布置，最终参考设计效果如图 3-64 所示。

图3-63　最终效果

图3-64　最终效果

第4章　制作逐帧动画

在 Flash 动画的制作中，逐帧（Frame By Frame）动画是一种最基础的动画类型，也是最常用的动画制作方法。逐帧动画的制作原理与电影播放模式类似，适合于表现细腻的动画情节。合理运用逐帧动画的设计技巧，可以制作出更加生动、活泼的作品。通过本章的学习，帮助读者认识 Flash CS3 中的图层和帧的概念并掌握逐帧动画的原理和制作技巧。

【学习目标】
- 认识图层的概念。
- 认识帧的概念。
- 掌握逐帧动画的设计思路。
- 掌握逐帧动画的制作方法。
- 掌握逐帧动画的制作技巧。

4.1　认识图层

图层就像堆叠在一起的多张幻灯片，每个图层都包含一个显示在舞台中的不同图像，在图层上没有内容的舞台区域中，可以透过该图层看到下面的图层。同时，图层之间是独立的，用户可以在图层上绘制和编辑对象，而不会影响其他图层上的对象。

4.1.1　知识准备——图层的类型和操作

不同类型的图层功能不同，下面将介绍图层的类型和图层的相关操作。

一、图层的类型

图层按其功能可以分为以下几种图层。

(1) 普通图层主要用于组织动画内容，如图 4-1 所示。

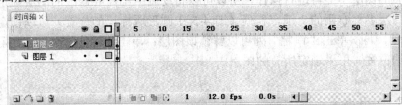

图4-1　普通图层

(2) 引导层主要用于为动作补间动画添加引导路径，如图 4-2 所示。

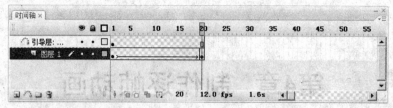

图4-2　引导层

(3) 遮罩层主要用于实现遮罩的视觉效果，如图 4-3 所示。

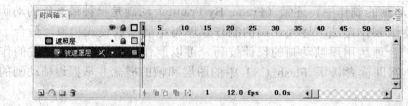

图4-3　遮罩层

要点提示 引导层和遮罩层将在本书的第 6 章中进行详细的讲解，读者可参阅相关章节的讲解。

二、 图层的操作

在动画的制作过程中，熟练地掌握图层的相关操作有助于用户轻松地控制复杂动画中的多个对象，主要有以下几个常用操作。

(1) 新建图层。

单击【时间轴】底部的 按钮，即可在活动图层上方插入一个新图层，此时新图层变为活动图层，新图层按照插入顺序生成系统默认名称，用户可以双击图层名称来为新建图层指定一个新的名称，如图 4-4 所示。

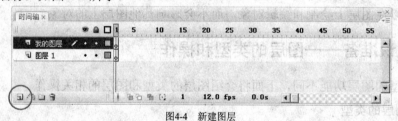

图4-4　新建图层

(2) 锁定或解锁图层。

锁定后的图层不能再进行操作，所以可以将动画中不需要修改的图层锁定，以防止误操作。单击图层名称右侧的"锁定"列（图 4-5 中圆形所标记的位置）可以锁定当前图层，如图 4-5 所示，再次单击"锁定"列可以解锁该图层；单击"锁定"列的 图标（图 4-5 中方形所标记的位置）可以锁定所有的图层。

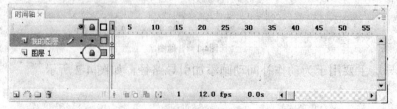

图4-5　锁定图层

(3) 隐藏或显示图层。

随着动画中图层和图层文件夹的增加，舞台上过多的内容可能会使人觉得混乱，此时，可以将一些图层隐藏起来，从而隐藏图层的相应内容，以方便用户能够将注意力集中到正在制作的部分。单击图层名称右侧的"眼睛"列（图 4-6 中圆形所标记的位置）可以隐藏当前图层，如图 4-6 所示，再次单击"眼睛"列可以显示该图层；单击"眼睛"列的 👁 图标（图 4-6 中方形所标记的位置）可以隐藏所有的图层。

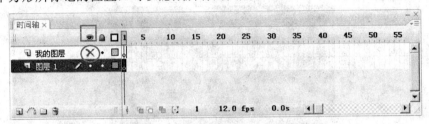

图4-6　隐藏图层

隐藏图层只是为了方便编辑，它并不影响发布，在发布的动画中无论是否隐藏都将显示出来。

(4) 使用彩色轮廓显示图层中的对象。

为了帮助用户区分对象所属的图层，可以用彩色轮廓显示图层上的所有对象。要使用轮廓显示图层中的对象，可以单击图层右侧的"轮廓"列（图 4-7 中圆形所标记的位置），使原来的实心图标显示为空心，如图 4-7 所示。再次单击"轮廓"列，可以恢复正常显示。单击"轮廓"列的 □ 图标（图 4-7 中方形所标记的位置），可以用轮廓线显示所有图层上的对象，如图 4-8 所示。

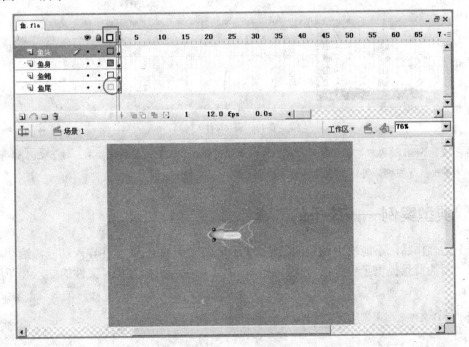

图4-7　用轮廓显示鱼尾

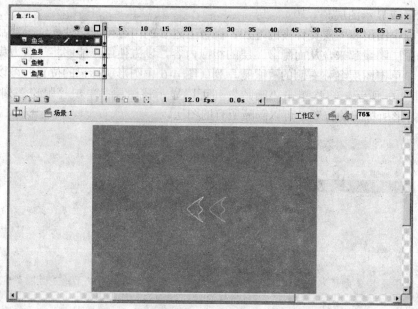

图4-8　用轮廓显示所有图层

三、　新建图层文件夹

图层文件夹可以放入多个图层，并且在【时间轴】中可以展开或折叠图层文件夹，而不会影响在舞台中看到的内容，如图 4-9 所示，从而进一步帮助用户组织和管理动画中过多的图层。单击【时间轴】左侧的 ❏ 按钮（图 4-9 中圆形所标记的位置），可新建一个图层文件夹。其操作命令与图层的操作类似，读者可以参阅相关内容的讲解。

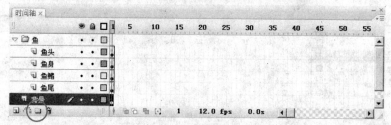

图4-9　图层文件夹

要点提示　按下 Shift 键再依次单击鼠标左键，可以连续选择多个图层或图层文件夹，按下 Ctrl 键再依次单击鼠标左键，可以间断地选择多个图层或图层文件夹。

4.1.2　典型案例——孩子的天真

一个动画作品，不能缺少场景的制作，Flash CS3 中的 PSD 文件导入功能，给动画爱好者制作绚丽的背景提供了更大的方便和快捷。本案例主要讲解 PSD 文件的导入和图层的相关操作。

要点提示　PSD 文件是由图像处理软件 Photoshop 制作的图像文件。

【设计思路】

- 导入 PSD 文件。
- 编辑图层。
- 制作动态文字。

【设计效果】

创建图 4-10 所示效果。

图4-10　最终设计效果

【操作步骤】

1.　导入 PSD 文件。

(1)　新建一个 Flash 文档，设置文档尺寸为"800 像素×600 像素"，其他属性使用默认参数。

(2)　选择【文件】/【导入】/【导入到舞台】菜单命令，打开教学资源包中"素材\第四章\孩子的天真\背景.psd"文件，弹出【将"背景.psd"导入到舞台】对话框，如图 4-11 所示。在该面板中可以对导入的 PSD 图层进行选择和编辑。

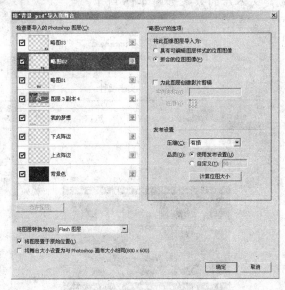

图4-11　导入 PSD 文件

(3)　单击 确定 按钮，将 PSD 文件导入到舞台中，舞台效果如图 4-12 所示。

图4-12　导入"背景.psd"后的效果

2. 编辑图层。

(1) 单击【时间轴】左侧的 □ 按钮，新建一个图层文件夹，重命名为"背景资源"。将【时间轴】上的所有图层都拖曳到图层文件夹中，效果如图 4-13 所示。

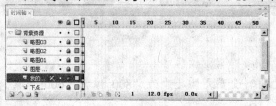

图4-13　创建图层文件夹

(2) 在图层文件夹上面新建图层并重命名为"文字"层，选择该图层，然后选择【文本】工具 T，在场景中输入文字"孩子的天真"，设置文字的属性如图 4-14 所示，设置文字颜色为"红色"，创建文本后的效果如图 4-15 所示。

图4-14　文字属性

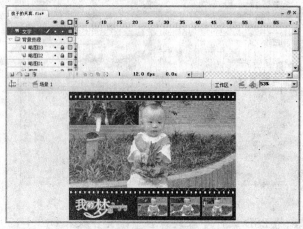

图4-15　添加文字

3. 制作动态文字。

(1) 选择场景中的文字 "孩子的天真"，单击鼠标右键，在弹出的快捷菜单中选择【转换为元件】命令，在弹出的【转换为元件】对话框中设置【名称】为 "孩子的天真"，【类型】为 "影片剪辑"，如图 4-16 所示。单击 确定 按钮，可将文字转换为影片剪辑元件。

图4-16　转换元件

(2) 分别在 "背景资源" 图层文件夹下的每一个图层的第 15 帧处按 F5 快捷键，插入一个普通帧，然后在 "文字" 图层的第 15 帧处按 F6 快捷键，插入一个关键帧。此时，【时间轴】状态如图 4-17 所示。

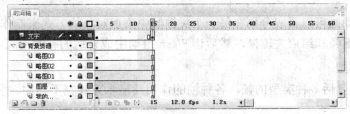

图4-17　时间轴效果

(3) 选择 "文字" 图层第 1 帧上的 "孩子的天真" 元件，打开【属性】面板，在【颜色】下拉列表中选择【Alpha】选项，设置其值为 "0%"（图 4-18 中所标记的位置）。

图4-18　设置透明度

(4) 用鼠标右键单击 "文字" 层的第 1 帧到第 15 帧之间的任何一帧，在弹出的快捷菜单中选择【创建补间动画】命令。此时，文档效果如图 4-19 所示。

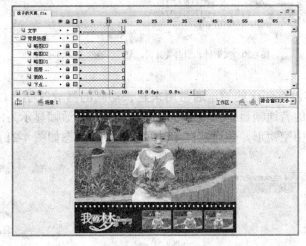

图4-19　最终的文档效果

4. 保存测试影片，完成动画的制作。

【案例小结】

通过本案例的学习，让读者熟悉在 Flash CS3 中导入 PSD 文件的方法和掌握图层的相关操作，同时初步认识动画的制作过程和方法，为以后的动画制作打下基础。

4.2 认识帧

帧是 Flash 动画中单位时间里面出现的，类似于电影胶片的一格，它是构成 Flash 动画的基本单位。在时间轴中，使用这些帧来组织和控制文档的内容。用户在时间轴中放置帧的顺序将决定帧内对象在最终内容中的显示顺序。

4.2.1 知识准备——帧的类型和操作

制作 Flash 动画可以采取分别在每一个关键帧中添加对象的方式来制作逐帧动画，也可以先制作开始关键帧和结束关键帧，然后让 Flash 自动生成合适的补间动画。

一、 帧的类型

Flash 动画中包括多种类型的帧，各种帧的作用及显示方式也不相同。

(1) 关键帧。

关键帧是指内容改变的帧，它的作用是定义动画中的对象变化。单个关键帧在时间轴上用一个黑色圆点表示；关键帧中也可以不包含任何对象，即为空白关键帧，此时显示为一个空心圆。用户可以在关键帧中定义对动画对象的属性所做的更改，也可以包含 ActionScript 代码以控制文档的某些属性。Flash 能创建补间动画，即自动填充关键帧之间的帧，以便生成流畅的动画。通过关键帧，不用画出每个帧就可以生成动画，因此，关键帧使动画的创建更为方便。关键帧、空白关键帧、AS 代码帧、形状补间动画在【时间轴】中的状态如图 4-20 所示。

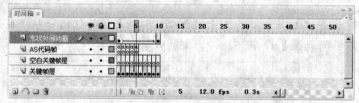

图4-20　关键帧、空白关键帧、AS 代码帧、形状补间动画

(2) 普通帧。

普通帧是指内容没有变化的帧，通常用来延长动画的播放时间，以使动画更为平滑生动。空白关键帧后面的普通帧显示为白色，关键帧后面的普通帧显示为浅灰色，普通帧的最后一帧中显示为一个中空矩形，普通帧在【时间轴】中的状态如图 4-21 所示。

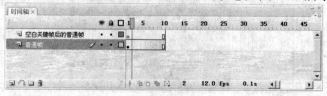

图4-21　普通帧

二、 帧的操作

对帧的操作有 3 种方式：菜单命令（见图 4-22）、鼠标右键快捷菜单（见图 4-23）和键盘快捷键。

图4-22 选择【编辑】下的菜单命令　　　　　图4-23 用鼠标右键单击帧弹出的快捷菜单

常用的帧操作命令的快捷键及功能如表 4-1 所示。

表 4-1　　　　　　　　　　　　　　　帧操作命令

命令	快捷键	功能说明
创建补间动画		在当前选择的帧左右的关键帧之间创建动作补间动画
创建补间形状		在当前选择的帧左右的关键帧之间创建形状补间动画
插入帧	F5	在当前位置插入一个普通帧，此帧将延续上帧的内容
删除帧	Shift+F5	删除所选择的帧
插入关键帧	F6	在当前位置插入关键帧并将前一关键帧的作用时间延长到该帧之前
插入空白关键帧	F7	在当前位置插入一个空白关键帧
清除关键帧	Shift+F6	清除所选择的关键帧，使其变为普通帧
转换为关键帧		将选择的普通帧转换为关键帧
转换空白关键帧		将选择的帧转换为空白关键帧
剪切帧	Ctrl+Alt+X	将当前选择的帧剪切到剪贴板
复制帧	Ctrl+Alt+C	将当前选择的帧复制到剪贴板
粘贴帧	Ctrl+Alt+V	将剪切或复制的帧粘贴到当前位置
清除帧	Alt+Backspace	清除所选择的帧，使其变为空白关键帧
选择所有帧	Ctrl+Alt+A	选择时间轴中的所有帧
翻转帧		将所选择的帧翻转，只有在选择了两个或两个以上的关键帧时该命令才有效
同步符号		如果所选帧中包含图形元件实例，那么执行此命令将确保在制作动作补间动画时图形元件的帧数与动作补间动画的帧数同步
动作	F9	将当前选择的帧添加 ActionScript 代码

4.2.2　典型案例——闪动的精彩

本案例重点讲解帧的运用。在动画的演示过程中，两张图片彼此渐显渐隐效果交替过渡，在视觉上给人感觉是很自然的图片切换。

【设计思路】

- 边框制作。
- 导入图片。
- 制作渐变动画。

【设计效果】

创建图 4-24 所示效果。

图4-24　最终设计效果

【操作步骤】

1. 边框制作。

(1) 新建一个 Flash 文档，设置文档尺寸为"400 像素×300 像素"，其他属性使用默认参数。

(2) 将默认"图层 1"重命名为"外框"层，选择【文件】/【导入】/【打开外部库】菜单命令，将教学资源包中的"素材\第四章\闪动的精彩\闪动的精彩.fla"文件打开，把名为"外框"的影片剪辑元件拖曳到舞台中并与舞台居中对齐。此时的舞台效果如图 4-25 所示。

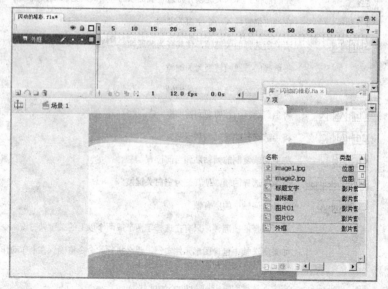

图4-25　场景效果

(3) 新建两个图层依次重命名为"主标题"层和"副标题"层，选择"主标题"层，从
【库-闪动的精彩.fla】中将名为"标题文字"的影片剪辑元件拖曳到舞台中，设置其位
置坐标 x、y 分别为"132.5"、"9.5"。选择"副标题"层，从【库-闪动的精彩.fla】中
将名为"副标题"的影片剪辑元件拖曳到舞台中，设置其位置坐标 x、y 分别为
"285.0"、"275"。最终的舞台效果如图 4-26 所示。

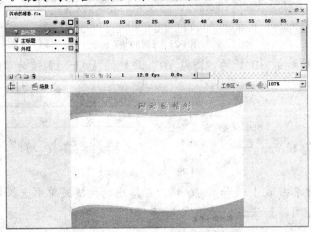

图4-26　场景效果

2. 导入图片 1。

(1) 锁定"外框"层、"主标题"层和"副标题"层。新建图层并重命名为"渐变内容 1"
层，选择【文件】/【导入】/【导入到舞台】菜单命令，将教学资源包中的"素材\第四
章\闪动的精彩\花朵.jpg"文件导入到舞台中，调整其大小为"400 像素×300 像素"并
与舞台居中对齐。

(2) 把"渐变内容 1"层拖曳到"外框"层的下面，此时的舞台效果如图 4-27 所示。

图4-27　"渐变内容 1"层效果

(3) 选中"渐变内容 1"层中的图片，按 F8 快捷键，将图片转换为名"图片 01"的影片剪
辑元件。

3. 制作渐变动画 1。

(1) 分别在"外框"层、"主标题"层、"副标题"层和"渐变内容 1"层的第 45 帧处按下

F5 快捷键，插入一个普通帧。然后分别在"渐变内容 1"的第 10 帧、第 20 帧和第 30 帧处按 F6 快捷键插入一个关键帧，此时，【时间轴】状态如图 4-28 所示。

图4-28 【时间轴】状态

(2) 分别设置第 1 帧和第 30 帧的"图片 01"元件的【Alpha】值为"0%"，其属性设置如图 4-29 所示。

图4-29 调整其【Alpha】值

(3) 分别用鼠标右键单击第 1 帧和第 20 帧，在弹出的快捷菜单中选择【创建补间动画】命令，此时的【时间轴】状态如图 4-30 所示。

图4-30 创建补间动画

4. 导入图片 2。

(1) 在"渐变内容 1"层上面新建图层并重命名为"渐变内容 2"层，在第 25 帧处按 F7 快捷键插入一个空白关键帧。

(2) 选中"渐变内容 2"层的第 25 帧，选择【文件】/【导入】/【导入到舞台】菜单命令，将教学资源包中的"素材\第四章\闪动的精彩\绿叶.jpg"文件导入到舞台中，设置其大小为"400 像素×300 像素"并与舞台居中对齐。

(3) 选择第 25 帧处的图片，按 F8 快捷键，将图片转换为名"图片 02"的影片剪辑元件。此时的舞台效果如图 4-31 所示。

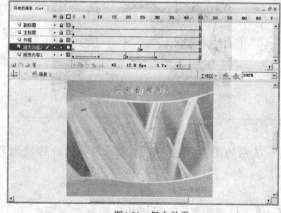

图4-31 舞台效果

5.　制作渐变动画 2。

(1)　在"渐变内容 2"层的第 35 帧处按下 $\boxed{F6}$ 快捷键，插入一个关键帧并设置第 25 帧处的"图片 02"元件的【Alpha】值为"0%"。

(2)　选择"渐变内容 2"层的第 25 帧，单击鼠标右键，在弹出的快捷菜单中，选择【创建补间动画】命令，创建补间动画。此时的舞台效果如图 4-32 所示。

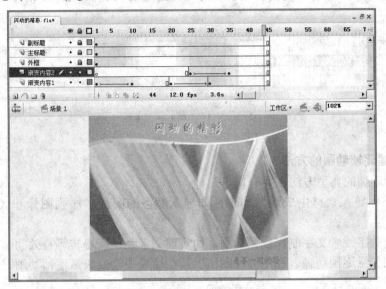

图4-32　舞台效果

6.　保存测试影片，完成动画的制作。

【案例小结】

通过本案例的学习，可以使读者熟悉帧的相关操作并使用帧来创建简单的补间动画，为以后的动画制作打下基础。

4.3　创建逐帧动画

逐帧动画常用来制作复杂、细腻的动画内容。逐帧动画的缺点是设计工作量大，交互性较差。

4.3.1　知识准备——逐帧动画的原理

逐帧动画是逐一创建出每一帧上的动画内容，然后顺序播放各动画帧的动画类型。创建逐帧动画时，将所有帧均定义为关键帧，然后为每个帧创建不同的图像。对于逐帧动画的学习，将从以下两个方面进行。

一、　逐帧动画的原理

逐帧动画是将每个帧都定义为关键帧，然后给每个帧创建不同的图像。每个新关键帧最初包含的内容和它前面的关键帧是一样的，然后递增地修改动画中的图像，使相邻的关键帧上的图像连贯起来形成动画，因此，这种动画制作具有很大的设计灵活性，可以完整细腻地表达需要的设计细节。逐帧动画的设计原理如图 4-33 所示。

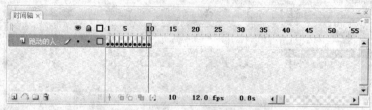

图4-33　逐帧动画设计原理图

动画创建完成后在【时间轴】上表现为连续出现的关键帧，【时间轴】状态如图 4-34 所示。

图4-34　逐帧动画

二、　创建逐帧动画的方法

创建逐帧动画的典型方法主要有以下几种。

(1)　从外部导入素材生成逐帧动画，如导入静态的图片、序列图像和 GIF 动态图片等。

(2)　使用数字或者文字制作逐帧动画，如实现文字跳跃或旋转等特效动画。

(3)　绘制矢量逐帧动画。利用各种制作工具在场景中绘制矢量逐帧动画。

4.3.2　典型案例——神来之笔

本例主要使用逐帧动画的制作原理，逐步显示毛笔和文字，描绘真实的写字过程，给人以视觉上的享受。

【设计思路】

- 制作背景。
- 制作毛笔效果。
- 制作写字过程。

【设计效果】

创建图 4-35 所示效果。

图4-35　最终设计效果

【操作步骤】

1.　制作背景。

(1)　新建一个 Flash 文档，设置文档尺寸为 "400 像素 × 240 像素"，背景颜色为 "#0099FF"，其他属性使用默认参数。

(2) 将默认的"图层 1"重命名为"背景"层，选择【文件】/【导入】/【导入到舞台】菜单命令，将教学资源包中的"素材\第四章\神来之笔\背景图片.png"文件导入到舞台中，设置其大小为"400 像素×240 像素"并与舞台居中对齐，舞台效果如图 4-36 所示。

2. 制作毛笔效果。

(1) 选择【插入】/【新建元件】菜单命令，新建一个名为"毛笔"的图形元件，单击 ▭确定 按钮进入元件内部进行编辑。

(2) 将"图层 1"重命名为"笔杆"层，选择【矩形】工具▭，设置笔触颜色为"无"、填充颜色为"#FF9933"，在舞台中绘制一个"7 像素×80 像素"的矩形。

(3) 选择【任意变形】工具▦，然后选择舞台中的矩形，使其倾斜，调整后效果如图 4-37 所示。

图4-36　导入背景图片

图4-37　笔杆效果

(4) 在"笔杆"层下面新建图层并重命名为"笔尖"层，此时的【时间轴】状态如图 4-38 所示。

(5) 选中"笔尖"层的第 1 帧，选择【椭圆】工具◯，设置笔触颜色为"无"、填充颜色为"白色"，在舞台上绘制一个椭圆，然后选择【选择】工具▸，对椭圆进行调整，使其最终效果如图 4-39 所示。

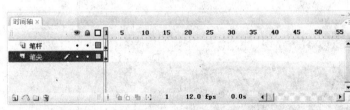

图4-38　【时间轴】状态

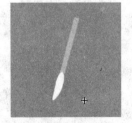

图4-39　笔尖制作

(6) 退出元件编辑，返回主场景。

3. 制作写字过程。

(1) 新建图层并重命名为"文字"层，在它上面新建图层并重命名为"毛笔"层。选择"背景"层的第 55 帧按下 F5 快捷键插入一个普通帧，然后锁定"背景"层。

(2) 选择"文字"层的第 1 帧，选择【文本】工具 T，填充颜色为"白色"，设置其属性如图 4-40 所示。在舞台上输入文字"神"并与舞台居中对齐，舞台效果如图 4-41 所示。然后按下 Ctrl + B 快捷键将文字打散。

图4-40 文本的属性设置

图4-41 输入文字

(3) 选中"文字"层的第 2 帧，按 F6 快捷键插入一个关键帧。选择【橡皮擦】工具 ，擦除"神"的最后一笔的一小部分，效果如图 4-42 所示。

> **要点提示** 擦除过程是按照写"神"字的笔顺的逆序进行的，从落笔一直到起笔。为了表现出真实效果，在擦除的时候可以放大文字，每次擦除的部分要尽量小一些。

(4) 在"文字"层的第 3 帧插入一个关键帧，继续擦除"神"字的一小部分，效果如图4-43 所示。

图4-42 "文字"层第 2 帧

图4-43 "文字"层第 3 帧

(5) 重复上面的步骤，直到把文字全部擦除，第 55 帧的效果如图 4-44 所示。

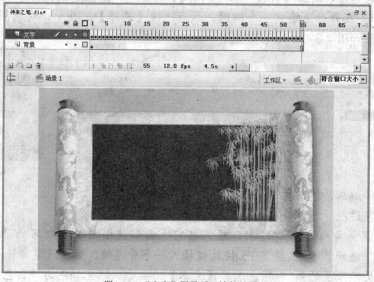

图4-44 "文字"层最后一帧的效果

(6) 选择"文字"层的所有帧，单击鼠标右键，在弹出的快捷菜单中选择【翻转帧】命令，如图 4-45 所示。

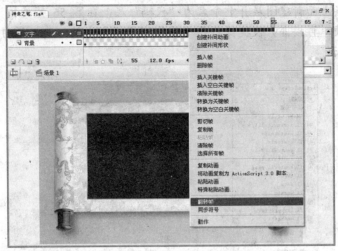

图4-45　翻转帧

(7)　按 Enter 键预览动画，可以看到舞台上按笔画地显示出一个"神"字。

(8)　锁定"文字"层，选择"毛笔"层，从【库】面板中将名为"毛笔"的元件拖动到舞台中，然后调整"毛笔"元件的位置，使其位于文字的起点处。

(9)　选择"毛笔"层的第 2 帧，按 F6 快捷键插入一个关键帧。选择【选择】工具 ，将"毛笔"元件移动到舞台上显示的字体部分的最末端，效果如图 4-46 所示。

(10)　使用与步骤（9）相同的方法，制作"毛笔"层的第 3 帧，效果如图 4-47 所示。

图4-46　"毛笔"层的第 2 帧

图4-47　"毛笔"层的第 3 帧

(11)　重复上面的步骤，直到写完一个完整的文字，最后一帧的效果如图 4-48 所示。

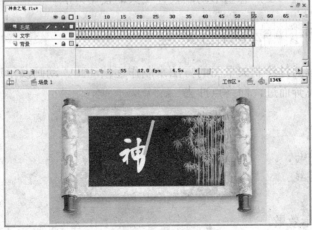

图4-48　最后一帧效果

(12) 在"毛笔"层上面新建图层并重命名为"代码"层，在第 56 帧处按 F7 快捷键插入一个空白关键帧，再按 F9 快捷键打开【动作-帧】面板，输入脚本语句"stop();"命令，如图 4-49 所示。

图4-49　输入控制脚本

(13) 分别选择"背景"层和"文字"层的第 56 帧，按下 F5 快捷键插入一个普通帧，此时【时间轴】状态如图 4-50 所示。

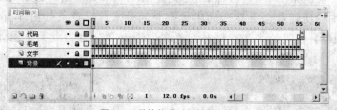

图4-50　最终的【时间轴】状态

4. 保存测试影片，完成动画的制作。

【案例小结】

本例灵活运用了逐帧动画之间的交互和帧的翻转功能，使毛笔的移动和文字的显示巧妙地结合在一起，形成流畅的书写动作。通过本例的学习，可使读者在掌握使用文字制作逐帧动画的方法的同时，进一步熟悉基本动画设计工具的使用方法。

4.4　综合实例——动物的奥运

本案例主要讲解通过绘制矢量图的方法来制作逐帧动画。动画演示过程中，有两只马在"奥运"的赛道上飞奔而过，向终点冲去。

【设计思路】

- 背景制作。
- 制作奔跑的马。
- 制作奔跑路线。

【设计效果】

创建图 4-51 所示效果。

图4-51 最终设计效果

【操作步骤】

1. 背景制作。

(1) 新建一个 Flash 文档,设置文档尺寸为"610 像素×390 像素",其他属性使用默认参数。

(2) 将默认"图层 1"重命名为"背景"层,选择【文件】/【导入】/【导入到舞台】菜单命令,将教学资源包中的"素材\第四章\动物的奥运\背景图片.bmp"文件导入到舞台中,设置图片宽高为"610 像素×390 像素"并与舞台居中对齐,舞台效果如图 4-52 所示。

图4-52 舞台效果

(3) 新建两个图层,依次重命名为"奥运五环"层和"主标题"层。

(4) 选择"奥运五环"层,选择【文件】/【导入】/【打开外部库】菜单命令,将教学资源包中的"素材\第四章\动物的奥运\动物奥运.fla"文件打开,把名为"奥运五环"的图形元件拖曳到舞台中,设置其属性如图 4-53 所示。

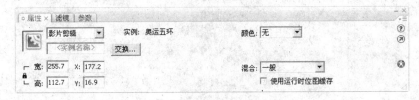

图4-53 "奥运五环"元件的【属性】面板

(5) 选中"主标题"层,从外部库中,将名为"主标题"的图形元件拖曳到舞台中,设置其属性如图 4-54 所示。此时的舞台效果如图 4-55 所示。

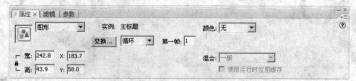

图4-54 "主标题"元件的【属性】面板

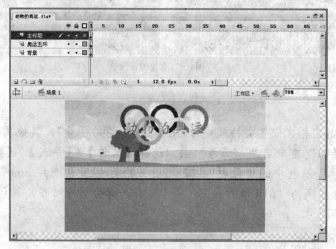

图4-55 添加标题后的舞台效果

2. 制作奔跑的马。

(1) 选择【插入】/【新建元件】菜单命令，新建一个名为"千里马"的影片剪辑元件，绘制其奔跑效果如图 4-56 所示。最终的场景效果如图 4-57 所示。

图4-56 从第 1 帧到第 5 帧的马的形态

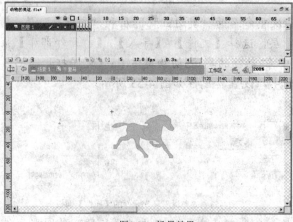

图4-57 场景效果

(2) 选择【插入】/【新建元件】菜单命令，新建一个名为"黑马"的影片剪辑元件，绘制其奔跑效果如图4-58所示。

图4-58　从第1帧到第5帧的马的形态

(3) 退出元件编辑，返回主场景。

【知识链接】——绘图纸工具的使用

绘画纸具有辅助定位和编辑动画的功能。通常情况下，在舞台中一次只能显示动画序列的单个帧，使用绘图纸功能后，可以在舞台中一次查看两个或多个帧。

在马儿奔跑动作的绘制过程中，需要使用绘图纸外观工具观察马儿前一帧或者全部帧的变化，这对于精确把握马儿奔跑的动态效果有很大的帮助，打开【绘图纸外观轮廓】按钮后的效果如图4-59所示。

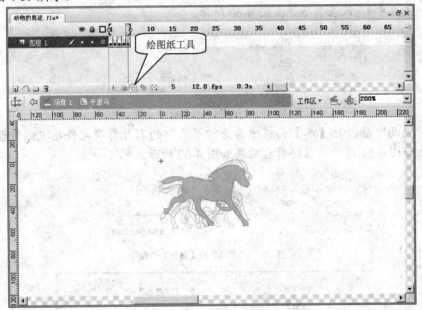

图4-59　打开绘图纸外观按钮后的效果

下面将对绘图纸各个按钮 进行补充讲解。

(1) 【绘图纸外观】按钮 ：单击此按钮后，在时间帧的上方会出现绘图纸外观标记 。用鼠标左键拖动外观标记的两端，可以扩大或缩小显示范围。

(2) 【绘图纸外观轮廓】按钮 ：单击此按钮后，场景中将只显示各帧内容的轮廓线，填充色消失，特别适合观察对象轮廓，同时可以节省系统资源，加快显示过程，如图4-59所示。

(3) 【编辑多个帧】按钮 ：单击后可以显示全部帧的内容，并且可以进行"多帧同时编辑"。

(4) 【修改绘图纸标记】按钮 ：单击后会弹出一个快捷菜单，菜单中有以下几个选项。

- **【总是显示标记】**：无论"绘图纸外观"是否打开，在【时间轴】上总是显示"绘图纸外观"标记。
- **【锚定绘图纸外观】**：将"绘图纸外观"标记锁定在它们在【时间轴】上的当前位置。通常情况下，"绘图纸外观"范围是与当前帧的指针以及"绘图纸外观"标记相关的。通过锚定"绘图纸外观"标记，可以防止它们随当前帧的指针移动。
- **【绘图纸 2】**：在当前帧的两边显示 2 个帧。
- **【绘图纸 5】**：在当前帧的两边显示 5 个帧。
- **【绘制全部】**：在当前帧的两边显示所有帧。

3. 制作奔跑路线。

(1) 在"主标题"层上面新建两个图层，依次重命名为"千里马"层和"黑马"层。

(2) 选中"千里马"层，按下 Ctrl + L 快捷键，打开【库】面板，把名为"千里马"的影片剪辑元件拖曳到舞台中（或选择【文件】/【导入】/【打开外部库】命令将教学资源包中"素材\第四章\动物的奥运\动物奥运.fla"打开，把名为"千里马"的影片剪辑元件拖曳到舞台中），设置其属性如图 4-60 所示。

图4-60　"千里马"的【属性】面板

(3) 选中"黑马"层，把【库】面板中名为"黑马"的影片剪辑元件拖曳到舞台中，设置其属性如图 4-61 所示，最终舞台效果如图 4-62 所示。

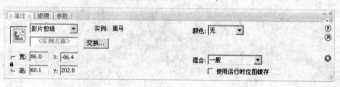

图4-61　"黑马"的【属性】面板

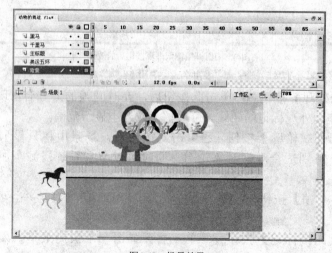

图4-62　场景效果

(4) 分别在"背景"层、"奥运五环"层和"主标题"层的第 40 帧处，插入一个帧。

(5) 在"千里马"层的第 40 帧处按 $\boxed{F6}$ 快捷键，插入一个关键帧，把"千里马"元件调整到舞台的最右边。在"黑马"层的第 30 帧处插入一个关键帧，把"黑马"元件调整到舞台的最右边。然后分别在"千里马"层的第 1 帧到第 40 帧之间和"黑马"层的第 1 帧到第 30 帧之间创建补间动画，最终效果如图 4-63 所示。

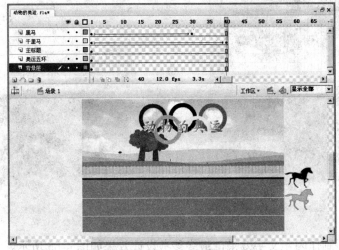

图4-63　完成后的效果

4. 保存测试影片，完成动画的制作。

【案例小结】

通过本例的学习，读者可以初步掌握利用绘制的矢量图创建逐帧动画的方法以及绘图纸工具的使用，从而进一步认识逐帧动画。同时，读者通过本案例的学习还可以初步了解补间动画的制作过程和方法。

小结

在所有的动画类型中，逐帧动画的设计原理最简单，它通过多幅关联图片的顺序播放并利用人的视觉暂留特性形成流畅自然的动画效果。制作逐帧动画的关键是依次在各个关键帧上创建出具有逻辑联系并且渐变的图像。

制作逐帧动画时，需要注意相邻两帧间的画面内容的过渡，跳跃不要太大，否则看起来不连贯，不利于对象的精细表现。设计时还要灵活掌握一些必要的设计技巧，例如在关键帧之间插入空白帧等。在以后的章节中将继续介绍更多的动画设计方法和技巧，让读者学习到更加丰富的动画设计手段。

思考与练习

问答题

1. 要创建逐帧动画，需要将每个帧都定义为什么帧，然后给每个帧创建不同的图像？
2. 如何理解图层的含义？
3. 创建逐帧动画有几种方法，分别是什么？

操作题

1. 通过对帧知识的学习后，制作如图 4-64 所示的动画。动画演示过程中，通过水墨画形状的洞看到后面的背景图片渐显渐隐的过渡。

图4-64　别样世界的最终效果

2. 使用逐帧动画制作闪光文字效果，最终参考设计效果如图 4-65 所示。

图4-65　闪光文字

第5章 制作补间动画

补间动画是创建随时间移动而改变的动画，在 Flash CS3 中可以创建形状补间和动作补间两种类型的补间动画。补间动画是 Flash 中非常重要的一种动画制作方法，利用这种方法，可以制作出多种动画效果。

【学习目标】
- 掌握形状补间动画的原理。
- 掌握形状提示控制的原理。
- 掌握动作补间动画的原理。
- 了解如何使用时间轴特效。

5.1 制作形状补间动画

形状补间动画是动画制作中一种常用的动画制作方法，它可以补间形状的位置、大小、颜色等。使用形状补间可以制作出千变万化的动画效果。

5.1.1 知识准备——形状补间动画的原理

形状补间动画是指在两个或两个以上的关键帧之间对形状进行补间的动画，从而创建出类似于变形的效果，使一个形状看起来随着时间变成另一个形状。

一、 构成形状补间动画的元素

形状补间动画可以实现两个图形之间颜色、形状、大小、位置的相互变化，其变形的灵活性介于逐帧动画和动作补间动画之间，使用的元素多为由绘图工具绘制出来的矢量形状。如果使用图形元件、按钮或者文字，则必先将这些对象"打散"后使用。

二、 创建形状补间动画的方法

制作形状补间动画时，最少需要两个关键帧，在时间轴面板上动画开始播放的地方创建或选择一个关键帧并设置开始变形的形状，一般在一帧中最好只有一个对象。在动画结束处创建或选择一个关键帧并设置要变成的形状，再单击开始帧，在【属性】面板上单击【补间】下拉列表，在弹出的菜单中选择【形状】命令，这样一个形状补间动画就创建完成了，【时间轴】上的变化如图 5-1 所示。

> **要点提示** 在开始关键帧和结束关键帧中必须包含必要的形状。如果使用非形状类型的对象制作形状补间动画，则在时间轴中为虚线，表示形状补间动画出现错误，如图 5-2 所示。

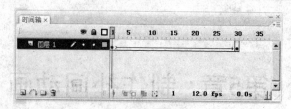

图5-1　创建形状补间动画

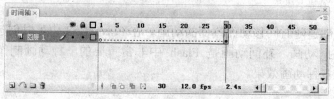

图5-2　错误的形状补间动画

三、认识形状补间动画的属性面板

Flash CS3 的【属性】面板随鼠标选定的对象不同而发生相应的变化。当建立了一个形状补间动画后，单击时间轴，其【属性】面板如图 5-3 所示。

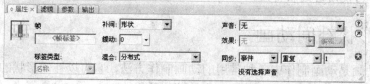

图5-3　形状补间动画【属性】面板

(1)【缓动】选项。

在【缓动】选项中输入相应的数值，形状补间动画则会随之发生相应的变化。其值在-100～0 之间时，动画运动的速度从慢到快，向运动结束的方向加速补间；其值在 0～100 之间时，动画的运动速度则从快到慢，向运动结束的方向减速补间。默认情况下，补间帧之间的变化速率是不变的。

(2)【混合】选项。

在【混合】选项中包含"角形"和"分布式"两个选项。"角形"选项是指创建的动画中间形状会保留有明显的角和直线，适合于具有锐化转角和直线的混合形状。"分布式"选项是指创建的动画中间形状比较平滑和不规则。

5.1.2　典型案例——开卷有益

在学习形状补间动画的开始部分，首先通过一个简单而又经典的形状补间动画案例——开卷有益来进行讲解。

【设计思路】

- 绘制书本元素。
- 制作翻书效果。

【设计效果】

创建图 5-4 所示效果。

图5-4 最终效果

【操作步骤】

1. 新建文件。

新建一个 Flash 文档，设置背景颜色为 "#0099FF"，其他属性保持默认参数。

2. 绘制书本元素。

(1) 创建 5 个图层，从上到下依次重命名为 "单页纸张"、"文字"、"右侧书页"、"左侧书页" 和 "书面"。

(2) 选择图层 "书面"，使用【矩形】工具□在舞台中绘制一个宽高为 "400 像素×250 像素" 的矩形，在【颜色】面板中设置其笔触颜色为 "无"，填充颜色为 "#FF9933"，利用【对齐】面板将其居中到舞台，如图 5-5 所示。

图5-5 绘制书面

(3) 锁定图层 "书面"，以防止误操作。

(4) 选择图层 "左侧书页"，使用【矩形】工具□在舞台中绘制一个宽高为 "180 像素×260 像素" 的矩形，在【颜色】面板中设置其笔触颜色为 "无"，填充颜色类型为 "线性"，从左至右第 1 个色块颜色为 "白色"，第 2 个色块颜色为 "#888888"，如图 5-6 所示。

(5) 设置矩形的位置坐标 x、y 分别为 "95"、"70"，结果如图 5-7 所示。

图5-6 颜色设置　　　　　　　　图5-7 绘制左侧书页

(6) 继续使用【矩形】工具□在舞台中绘制一个宽高为"15 像素×260 像素"的矩形，在【颜色】面板中设置其笔触颜色为"无"，填充颜色类型为"线性"，从左至右第 1 个色块颜色为"#999999"，第 2 个色块颜色为"#CCCCCC"，如图 5-8 所示。设置其位置坐标 x、y 分别为"80"、"70"，结果如图 5-9 所示。

图5-8　颜色设置

图5-9　绘制左侧书边

(7) 使用【部分选取】工具▶选中矩形左上角的点，向下移动一点位置；然后选中矩形左下角的点，向上移动一点位置，使矩形变成梯形，如图 5-10 所示。

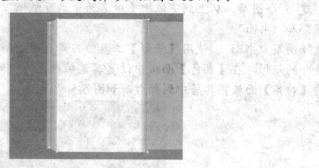

图5-10　调整左侧书边

(8) 使用【选择】工具▶按住 Shift 键同时选中舞台中的"书页"和"书边"图形，按 Ctrl + C 快捷键复制，然后选择图层"右侧书页"，按 Ctrl + V 快捷键粘贴复制的图形。

(9) 选择【修改】/【变形】/【水平翻转】菜单命令将图形水平翻转，然后设置其位置坐标 x、y 分别为"275"、"70"。结果如图 5-11 所示。

(10) 选择图层"文字"，选择【文本】工具 T，在【属性】面板中设置字体为"华文行楷"，字体大小为"35"，颜色为"黑色"，不加粗。然后在舞台中输入"开卷有益"4 个字，调整其位置如图 5-12 所示。

图5-11　制作右侧书页

图5-12　输入文字

(11) 继续使用【文本】工具 T，只更改字体大小为 "18"，然后单击【属性】面板中的 按钮，在弹出的菜单中选择 "垂直，从右向左" 命令，如图 5-13 所示。

图5-13　改变文字方向

(12) 在舞台中输入一首唐诗，这里输入李白的《送孟浩然之广陵》这首诗，然后调整文字的位置如图 5-14 所示。

图5-14　输入唐诗

(13) 锁定 "文字" 图层，使用【选择】工具 选择右侧的 "书页" 图形并复制，然后选择图层 "单页纸张"，在舞台的空白处单击鼠标右键，在弹出的菜单中选择【粘贴到当前位置】命令，此时舞台如图 5-15 所示。

(14) 选择该 "书页" 图形，在【颜色】面板中增加一个色块，如图 5-16 所示。随后将使用该 "书页" 图形制作翻书效果。

图5-15　复制书页

图5-16　增加色块

3.　制作翻书效果。

(1) 在所有图层的第 80 帧插入帧，然后锁定图层 "左侧书页" 和 "右侧书页"，以防止误操作。

(2) 在图层 "单页纸张" 的第 15 帧插入关键帧，选中舞台中的 "书页" 图形，在【颜色】面板中调节其填充颜色，从左至右第 1 个色块颜色为 "#EEEEEE"，第 2 个色块颜色为 "#CCCCCC"，第 3 个色块颜色为 "#888888"，如图 5-17 所示。

(3) 使用【任意变形】工具 选择"书页"图形，调整其形状如图 5-18 所示。

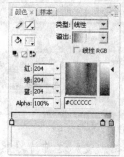

图5-17 调节填充颜色

图5-18 调整书页形状

要点提示 在整个翻书动画制作过程中，应保证位于书本中间的边线保持不动，只对其他 3 条边进行调整，才能形成正确的动画效果。

(4) 使用【选择】工具 继续调整图形右下角点的位置和边线的弧度，如图 5-19 所示。

(5) 在图层"单页纸张"的第 1 帧单击鼠标右键，选择【创建补间形状】命令生成形状补间动画，此时可按回车键对动画效果进行预览。

(6) 在图层"单页纸张"的第 30 帧插入关键帧，使用【任意变形】工具 调整图形的形状如图 5-20 所示。注意，此时的整个图形仍位于书的右侧。

图5-19 调整形状 1

图5-20 调整形状 2

(7) 在图层"单页纸张"的第 31 帧插入关键帧，使用【任意变形】工具 将图形调整到书的左侧，如图 5-21 所示。注意保持中间边线不动。

(8) 在图层"单页纸张"的第 45 帧插入关键帧，使用【任意变形】工具 调整图形的形状，如图 5-22 所示。

图5-21 将图形调整到左侧

图5-22 调整形状 3

(9) 在图层“单页纸张”的第 60 帧插入关键帧，使用【任意变形】工具 和【选择】工具
　　 调整图形的形状使其刚好覆盖在左侧的书页之上，如图 5-23 所示。

(10) 在【颜色】面板中调节其填充颜色，从左至右第 1 个和第 2 个色块颜色为“白色”，第
　　 3 个色块颜色为“#888888”，如图 5-24 所示。

图5-23　调整形状 4

图5-24　调节填充颜色

(11) 分别在图层“单页纸张”的第 15 帧、第 31 帧和第 45 帧单击鼠标右键，选择【创建补
　　 间形状】命令生成形状补间动画，此时时间轴如图 5-25 所示。

图5-25　时间轴状态

4.　至此，整个动画制作完成。保存并测试影片，即可欣赏流畅的翻书效果。

【案例小结】

　　这是一个典型的形状补间动画。通过调整形状的大小、位置来达到表现动画的目的。在制作过程中，应当注意图层与图层之间的关系，并合理使用图层的锁定功能以防止误操作的出现。

5.2　制作带提示控制的动画

　　在制作补间动画时，Flash CS3 可以自动计算出两个关键帧中的形状补间动画。若要控制更加复杂的形状变化，可以使用形状提示，使 Flash 依据一定的规则计算变形过渡，从而较有效地控制变形过程。

5.2.1　知识准备——形状提示原理

　　当要求实现较为复杂的形状变化时，可以使用形状提示来帮助完成设计。下面介绍形状提示的原理和使用方法。

一、　形状提示原理

　　形状提示用字母 a 到 z 来表示，用于识别起始形状和结束形状中的相对应的点。在一个

形状补间动画中，最多可以使用 26 个形状提示。起始关键帧上的形状提示为黄色，结束关键帧的形状提示为绿色。当形状提示尚未对应时显示为红色。

二、 添加形状提示的方法

单击形状补间动画的开始帧，选择【修改】/【形状】/【添加形状提示】菜单命令。这样在形状上就会增加一个带字母的红色圆圈，相应地，在结束帧的形状上也会增加形状提示符。分别将这两个形状提示符安放到适当的位置即可。

例如，对于将数字"1"变"2"的形状补间动画中，如果按照图 5-26 所示在开始关键帧添加两个形状提示，在结束关键帧中修改形状提示的位置，那么形状补间动画的形状变化过程如图 5-27 所示。

图5-26 添加形状提示

图5-27 使用形状提示控制动画

5.2.2 典型案例——狮子大变身

在很多的动画中，都可以看到一些物体大变身的效果，其原理也很简单，下面来制作狮子大变身的动画。

【设计思路】

- 绘制狮子、豹子和袋鼠的矢量图。
- 创建形状补间动画。
- 添加形状提示。

【设计效果】

创建图 5-28 所示效果。

图5-28 最终效果

【操作步骤】

1. 新建文件。

新建一个空白的 Flash 文档，文档属性保持默认参数。

2. 绘制对象。

(1) 在第 1 帧上绘制狮子的轮廓图形（或者从教学资源包"素材\第五章\狮子大变身.fla"文件中获取），然后调整其位置使其与舞台居中对齐，效果如图 5-29 所示。

图5-29　绘制狮子对象

(2) 在第 15 帧插入空白关键帧，绘制豹子的轮廓图形（或者从教学资源包"素材\第五章\狮子大变身.fla"文件中获取），然后调整其位置使其与舞台居中对齐，效果如图 5-30 所示。

图5-30　绘制豹子对象

(3) 首先在第 30 帧插入关键帧，然后在第 45 帧插入空白关键帧并在该帧上绘制袋鼠的轮廓图形（或者从教学资源包"素材\第五章\狮子大变身.fla"文件中获取），然后调整其位置使其与舞台居中对齐，效果如图 5-31 所示。最后在第 65 帧插入帧。

图5-31　绘制袋鼠对象

3. 创建形状补间动画。

选择"图层 1"第 1 帧至第 15 帧之间的任意一帧，打开【属性】面板，在【补间】下拉列表中选择"形状"选项。同样，在第 30 帧至第 45 帧之间也创建形状补间动画。创建形状补间动画后的【时间轴】状态如图 5-32 所示。

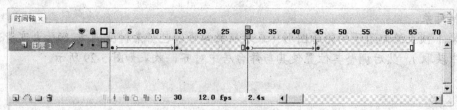

图5-32　创建形状补间动画

4．添加形状提示。

(1) 创建形状补间动画后，动画的效果却很不理想，此时就需要给形状添加形状提示。选中"图层 1"的第 1 帧，选择【修改】/【形状】/【添加形状提示】菜单命令添加一个形状提示点并将其拖曳到狮子图形的嘴部，选中第 15 帧，将提示点拖曳到豹子图形的嘴部并使之变为绿色。

(2) 使用同样的方法添加 5 个形状提示并分别在第 1 帧和第 15 帧调整提示点的位置，效果如图 5-33 和图 5-34 所示。

图5-33　添加形状提示　　　　　　　　　　　　　　　　图5-34　调整形状提示

(3) 同样，在第 30 帧开始帧上为形状添加形状提示，在第 45 帧结束帧上调整形状提示的位置，效果如图 5-35 和图 5-36 所示。

图5-35　添加形状提示　　　　　　　　　　　　　　　　图5-36　调整形状提示

5．保存并测试影片，完成动画的制作。

要点提示　按逆时针顺序从形状的左上角开始放置形状提示，它们的工作效果最好。添加的形状提示不应太多，但应将每个形状提示放置在合适的位置上。

【案例小结】

形状补间动画是通过对形状的改变来实现的动画，当形状较复杂时，形状补间动画就会出现不规则的形变，这时就需要使用形状提示来辅助形状的变化，以达到更好的动画效果。

5.3　制作动作补间动画

　　形状补间动画是对"形状"对象进行补间，而动作补间动画则是对元件实例、组合体、文字等整体对象进行补间。动作补间是 Flash 动画应用最多的表现手法，只要有动画产生的实例中就会使用动作补间，其重要性不言而喻。

5.3.1　知识准备——动作补间动画原理

　　动作补间动画与形状补间动画类似，也是由 Flash 自动生成的动画，下面具体讲解动作补间动画的原理和制作步骤。

一、　动作补间动画原理

　　动作补间动画是指在两个或两个以上的关键帧之间对某些特定类型进行补间动画，通常包含有对象的移动、旋转、缩放等效果。

　　制作补间动画至少需要两个关键帧，在第 1 个关键帧中为特定对象设置大小、位置、倾斜等属性，然后在第 2 个关键帧中更改相应对象的属性。这样，Flash 将自动计算两个关键帧之间的运动变化过程，从而产生动画效果，如图 5-37 所示。

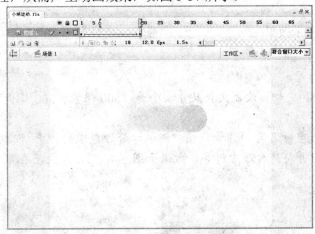

图5-37　制作补间动画

二、　动作补间动画的制作步骤

　　创建动作补间动画的一般步骤如下。

　　（1）　单击图层名称使之成为活动图层，然后在动画开始播放的图层中选择或创建一个空白关键帧。

　　（2）　在该帧中创建元件的实例、组合对象、文本等内容。为了使 Flash 能够正确生成动画，一般在一帧中只包含一个对象。

　　（3）　在动画结束的地方创建第 2 个关键帧，作为动作补间的结束帧。

　　（4）　选择结束帧，修改对象的属性。

　　（5）　选择开始帧和结束帧之间的任意一帧，打开【属性】面板，在【补间】下拉列表中选择"动画"选项。

　　（6）　在【属性】面板中设置动作补间的其他选项，其属性设置如图 5-38 所示。

图5-38 设置动作补间动画的选项

5.3.2 典型案例 1——游戏山水

下面采用动作补间来制作一个游戏山水的动画，在和读者一起游览山水的同时，学习它的制作方法。

【设计思路】

- 导入背景。
- 绘制小船。
- 制作白鸽和白云。
- 创建动作补间动画。

【设计效果】

创建图 5-39 所示效果。

【操作步骤】

1. 导入背景。

(1) 新建一个 Flash 文档，设置文档尺寸大小为"500 像素×360 像素"，其他属性保持默认参数。

(2) 将"图层 1"重命名为"背景"层，将教学资源包中的"素材\第五章\山水.bmp"文件导入到舞台中并与舞台居中对齐，效果如图 5-40 所示。最后在第 500 帧处插入帧。

图5-39 最终设计效果

图5-40 导入背景

2. 绘制小船。

(1) 选择【插入】/【新建元件】菜单命令，新建一个图形元件并命名为"小船"，单击 确定 按钮，进入元件内部进行编辑。

(2) 在舞台上绘制小船（或从教学资源包"素材\第五章\游戏山水.fla"文件中获取），效果如图 5-41 所示。

3. 制作白鸽和白云。

(1) 选择【插入】/【新建元件】菜单命令，新建一个影片剪辑元件并命名为"白鸽"，单击 `确定` 按钮，进入元件内部进行编辑。

(2) 在第 1 帧上绘制图 5-42 所示的白鸽（或从教学资源包"素材\第五章\游戏山水.fla"文件中获取）。

图5-41 小船

图5-42 白鸽

(3) 在第 2 帧至第 8 帧均插入空白关键帧，然后在第 2 帧至第 8 帧的舞台上分别绘制图 5-43 所示的鸽子（或从教学资源包"素材\第五章\游戏山水.fla"文件中获取）。

图5-43 绘制白鸽飞翔

(4) 新建一个影片剪辑元件并命名为"白云 1"，单击 `确定` 按钮，进入元件内部进行编辑，在舞台上绘制图 5-44 所示的白云（或从教学资源包"素材\第五章\游戏山水.fla"文件中获取）。

图5-44 绘制白云 1

(5) 新建一个影片剪辑元件并命名为"白云 2"，在舞台上绘制图 5-45 所示的白云。

图5-45 绘制白云 2

4. 制作动作补间动画。

(1) 返回主场景。新建图层并重命名为"小船"，将库中名为"小船"的图形元件拖曳到舞台中。选择【窗口】/【变形】菜单命令，打开【变形】面板，设置"小船"水平方向变形量为"4%"，竖直方向变形量为"22.4%"，效果如图 5-46 所示。然后设置小船的位置坐标 x、y 分别为"320"、"210"，效果如图 5-47 所示。

图5-46 修改"小船"变形属性

图5-47 设置"小船"的开始帧属性

(2) 在第 500 帧插入关键帧，设置"小船"水平方向和竖直方向的变形量均为"37%"，其位置坐标 x、y 为"-25"、"338"，效果如图 5-48 所示。

图5-48 设置"小船"结束帧属性

(3) 选择第 1 帧至第 500 帧之间任意一帧，打开【属性】面板，选择补间类型为"动画"，创建动作补间动画。

(4) 新建图层并重命名为"白云 1"层，将库中名为"白云 1"的影片剪辑元件拖曳到舞台中，效果如图 5-49 所示。

图5-49 编辑开始帧"白云 1"

(5) 在"白云 1"层的第 500 帧插入关键帧，修改"白云 1"的位置，如图 5-50 所示。然后在第 1 帧至第 500 帧之间创建动作补间动画。

图5-50 编辑结束帧"白云1"

(6) 新建图层并重命名为"白云2"层，按照编辑"白云1"的方法编辑"白云2"，此时的【时间轴】状态如图 5-51 所示。

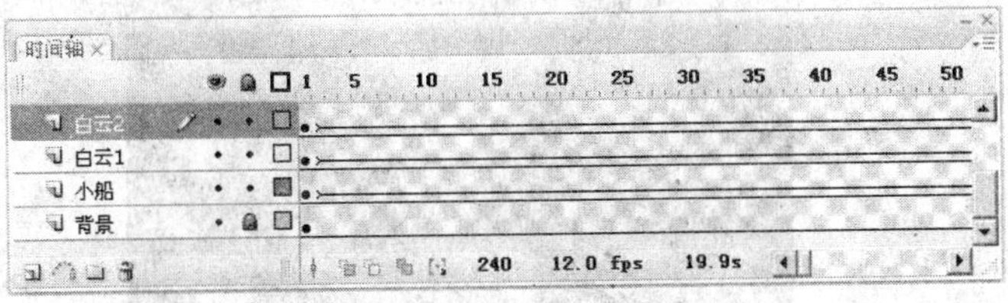

图5-51 时间轴

(7) 新建 5 个图层，将它们分别重命名为"白鸽1"层、"白鸽2"层、"白鸽3"层、"白鸽4"层和"白鸽5"层，在这 5 个图层的第 60 帧插入空白关键帧，在每个图层上放置一个"白鸽"影片剪辑元件。

(8) 框选 5 个"白鸽"元件，打开【属性】面板，在【颜色】下拉列表中选择"色调"，填充色为"白色"并设置其值为"100%"，其属性设置如图 5-52 所示。然后调整"白鸽"元件的大小及位置并将它们放置在舞台的左下角，舞台效果如图 5-53 所示。

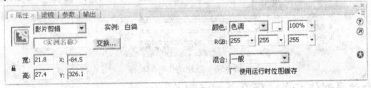

图5-52 设置"白鸽"色调

图5-53 调整"白鸽"的位置及大小

(9) 分别在"白鸽"所在图层的第 200 帧插入关键帧并将"白鸽"元件拖曳到舞台的右上角。然后分别创建动作补间动画，如图 5-54 所示。

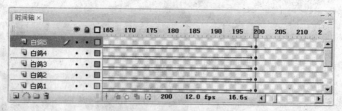

图5-54　创建动作补间动画

(10) 在"白鸽"所在图层的第 300 帧插入关键帧，将 5 个"白鸽"元件移动到舞台的右下角。框选 5 个"白鸽"元件，选择【修改】/【变形】/【水平翻转】菜单命令，将"白鸽"元件水平翻转，舞台效果如图 5-55 所示。

图5-55　水平翻转"白鸽"元件

(11) 在"白鸽"所在图层的第 450 帧插入关键帧并将"白鸽"元件移动到舞台的左上角，然后创建动作补间动画，如图 5-56 所示。

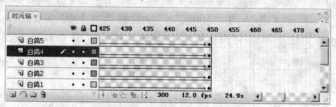

图5-56　创建动作补间动画

5.　至此，整个动画制作完成，保存并测试影片。

【案例小结】

　　本例是动作补间动画的一个典型案例，仅采用动作补间即完成动画的制作，通过本例的学习，读者应该对动作补间动画有一个更深刻的理解，为以后的动画创作打好基础。

5.3.3　典型案例 2——夕阳无限好

　　本例是一个很简单的特效动画。通过使用动作补间即可描绘出一些炫丽的效果。

【设计思路】

- 导入背景。
- 制作灯光效果。
- 制作闪光效果。
- 制作动画。

【设计效果】

创建图 5-57 所示效果。

图5-57　最终设计效果

【操作步骤】

1. 导入背景。

(1) 新建一个 Flash 文档，设置文档尺寸大小为 "800 像素×400 像素"，背景色为黑色，其他属性保持默认参数。

(2) 将 "图层 1" 重命名为 "背景" 层，将教学资源包中的 "素材\第五章\黄昏背景.jpg" 文件导入到舞台中并与舞台居中对齐，然后在第 115 帧插入帧。

2. 制作灯光效果。

(1) 新建一个图形元件并命名为 "光"，单击 确定 按钮，进入元件内部进行编辑。在舞台上绘制一个宽高为 "373 像素×149 像素" 的矩形，然后调整至图 5-58 所示形状。

图5-58　绘制 "光" 图形

(2) 选择绘制的图形，在【颜色】面板中设置其笔触为 "无"，填充颜色类型为 "线性"，两个色块的颜色都为 "白色" 并将第 2 个色块颜色的 Alpha 值修改为 "0%"，效果如图 5-59 所示。最后，利用【对齐】面板将图形相对于舞台左对齐。

(3) 新建一个影片剪辑元件并命名为 "灯光"，将库中名为 "光" 的图形元件拖曳到舞台中并在第 25 帧插入关键帧。选择【窗口】/【变形】菜单命令，打开【变形】面板，取消 "约束" 勾选，修改水平方向的变形量为 "1.2%"。具体设置如图 5-60 所示。

图5-59　编辑 "光" 图形

图5-60　【变形】面板

(4) 选择第 1 帧至第 25 帧之间的任意一帧，单击鼠标右键，在弹出的对话框中选择"创建补间动画"命令。

(5) 在第 27 帧和第 55 帧插入关键帧，然后在第 26 帧插入空白关键帧。

(6) 选择第 27 帧，选择【修改】/【变形】/【水平翻转】菜单命令，将元件水平翻转。选择第 55 帧并将元件水平翻转，打开【变形】面板，修改水平方向的变形量为"100%"。然后在第 27 帧至第 55 帧之间创建动作补间动画。完成后的时间轴如图 5-61 所示。

3. 制作闪光效果。

(1) 新建一个图形元件并命名为"光晕"，进入元件内部后绘制一个宽高为"72 像素 × 234 像素"的椭圆，效果如图 5-62 所示。

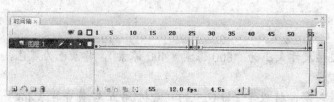

图5-61　时间轴

图5-62　绘制椭圆

(2) 打开【颜色】面板，设置颜色类型为"放射状"，从左至右色块的颜色分别为"#FFFFFF"、"#E4A31B"和"#E3B11C"，其 Alpha 值分别为"75%"、"50%"和"0%"，如图 5-63 所示。填充并调整椭圆，填充完成后的图形如图 5-64 所示。

图5-63　【颜色】面板

图5-64　填充椭圆

(3) 新建一个影片剪辑元件并命名为"闪光"，进入元件内部后将库中名为"光晕"的图形元件拖曳到舞台中，打开【变形】面板，修改水平方向的变形量为"75%"，垂直方向的变形量为"210%"，如图 5-65 所示。

(4) 在第 5 帧插入关键帧，修改"光晕"水平方向和垂直方向的变形量均为"16%"，如图 5-66 所示。然后，在第 1 帧至第 5 帧创建动作补间动画。

图5-65　修改开始帧变形量

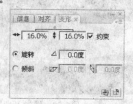

图5-66　修改结束帧变形量

(5) 新建一个影片剪辑元件并命名为"闪光字"，进入元件内部后，将库中名为"闪光"的影片剪辑拖曳到舞台中，在第 6 帧、第 11 帧、第 16 帧和第 21 帧处插入关键帧，在第 25 帧处插入帧，此时的【时间轴】状态如图 5-67 所示。

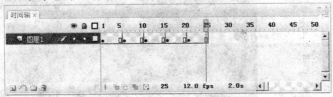

图5-67　时间轴

(6) 分别调整第 1、6、11、16、21 帧上"闪光"元件的 x 坐标为"－60"、"－20"、"20"、"60"、"100"，y 坐标保持不变。

(7) 新建"图层 2"，选择【文本】工具 T，在【属性】面板中设置字体为"宋体"，字体大小为"30"，颜色为"黄色"，在第 1 帧上输入文字"夕"并将其放置在第 1 帧光晕的中心，如图 5-68 所示。

(8) 在第 6 帧插入关键帧，在光晕的中心位置输入文字"阳"，如图 5-69 所示。依此类推，在第 11、16、21 帧上分别输入文字"无""限""好"。此时的【时间轴】状态如图 5-70 所示。

图5-68　添加文字"夕"

图5-69　添加文字"阳"

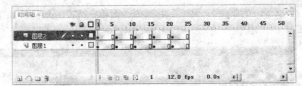

图5-70　时间轴

4. 制作动画。

(1) 返回主场景。新建 7 个图层，分别重命名为"灯光 1"、"灯光 2"至"灯光 7"，如图 5-71 所示。

(2) 选择"灯光 1"图层的第 1 帧，将库中名为"灯光"的影片剪辑元件拖曳到舞台上并调整位置，如图 5-72 所示。在第 55 帧插入空白关键帧。

图5-71　新建灯光图层　　　　　　　　图5-72　编辑灯光

(3) 复制"灯光 1"图层中的"灯光"元件，在"灯光 2"图层的第 10 帧插入关键帧，在舞台的空白处单击鼠标右键，在弹出的快捷菜单中选择【粘贴到当前位置】命令，在第 65 帧插入空白关键帧。

(4) 使用上面的方法，在"灯光 3"图层的第 20 帧插入关键帧，将元件粘贴到当前位置，在第 75 帧插入空白关键帧。

(5) 在"灯光 4"图层的第 30 帧插入关键帧，将元件粘贴到当前位置，在第 85 帧插入空白关键帧。

(6) 在"灯光 5"图层的第 40 帧插入关键帧，将元件粘贴到当前位置，在第 95 帧插入空白关键帧。

(7) 在"灯光 6"图层的第 50 帧插入关键帧，将元件粘贴到当前位置，在第 105 帧插入空白关键帧。

(8) 在"灯光 7"图层的第 60 帧插入关键帧，将元件粘贴到当前位置，在第 115 帧插入空白关键帧。完成后的时间轴如图 5-73 所示。

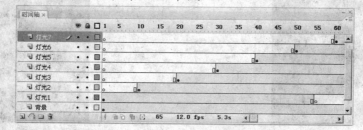

图5-73　时间轴

(9) 新建图层并重命名为"闪光"，将库中名为"闪光字"的影片剪辑元件拖曳到舞台上，如图 5-74 所示。

图5-74　添加"闪光字"元件

5. 至此，整个动画的制作就完成了，保存并测试影片。

【案例小结】

本例是一个比较简单的动画，在制作时，也主要采用了动作补间动画的表现手法。本例主要在背景图的基础上进行扩展，融入"灯光"和"闪光字"等元素，为迷人的晚霞添加了诗情画意。

5.4 使用时间轴特效

时间轴特效功能经常用于以模板的形式制作一些复杂而重复的动画，如模糊、位移等，恰当合理地运用 Flash 的时间轴特效功能，可以为 Flash 动画添加一些闪光的动感。

5.4.1 知识准备——认识时间轴特效

时间轴特效可以应用到的对象有文本、图形（包括形状、组和图形元件）、位图图像、按钮元件等。当将时间轴特效应用于影片剪辑时，Flash 将把特效嵌套在影片剪辑中。

一、 添加时间轴特效

给一个对象添加时间轴特效时，Flash 会新建一个图层，同时把对象传送到新建的层中。对象被放置在特效图形中，特效所需的所有过渡和变形存放在新建层的图形中。新建层的名称与特效的名称相同并加一个编号，表示特效应用的顺序，如图 5-75 所示。

添加时间轴特效时，在库中会添加一个以特效名命名的文件夹，内含创建该特效所用的元素，如图 5-76 所示。

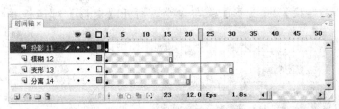

图5-75 添加时间轴特效

图5-76 【库】面板

在舞台上选择要添加时间轴特效的对象，然后选择【插入】/【时间轴特效】菜单命令，再从其下级菜单中选择一种特效即可。

二、 时间轴特效设置

在 Flash 中包含 8 种时间轴特效，每种时间轴特效都以特定的方式来处理对象。用户可以通过改变特效的各个参数，以获得理想的特效。在特效预览窗口中，可以修改特效的参数，快速预览修改参数后的变化，以选择满意的效果。

5.4.2 典型案例——风景摄影集

Flash CS3 自带的时间轴特效使用方法简单易上手，只要灵活地设置它的参数，就能制作出动感十足的相册效果。本例就运用 Flash 自带的时间轴特效，通过简单的参数设置，方便迅捷地制作出精美的艺术效果。

【设计思路】
- 导入图片。
- 添加时间轴特效。

【设计效果】
创建图 5-77 所示效果。

图5-77 最终设计效果

【操作步骤】

1. 导入图片。
(1) 新建一个 Flash 文档，设置文档尺寸大小为"400 像素×300 像素"，其他属性保持默认参数。
(2) 从教学资源包"素材\第五章"中将图片"01.jpg"、"02.jpg"、"03.jpg"和"04.jpg"导入到【库】面板中。
2. 添加时间轴特效。
(1) 将图片"01.jpg"拖动到舞台中并与舞台居中对齐，然后在第 20 帧插入关键帧，选择【插入】/【时间轴特效】/【变形/转换】/【变形】菜单命令，打开【变形】对话框并设置参数，如图 5-78 所示。

图5-78 设置"变形"特效参数

(2) 新建 "图层 2"，在第 30 帧插入空白关键帧，将图片 "02.jpg" 拖曳到舞台中并与舞台
居中对齐。选择【插入】/【时间轴特效】/【效果】/【分离】菜单命令，打开【分离】
对话框并设置参数，如图 5-79 所示。

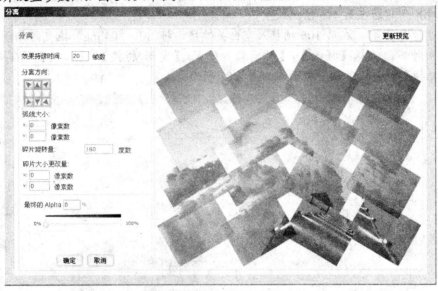

图5-79 设置 "分离" 特效参数

(3) 选择【窗口】/【库】菜单命令，打开【库】面板，选择 "分离 2" 元件，双击进入元
件内部。选择所有帧，单击鼠标右键，在弹出的菜单中选择 "翻转帧" 命令。

(4) 返回主场景。在第 50 帧插入空白关键帧，将图片 "02.jpg" 拖曳到舞台中并与舞台居
中对齐。然后在第 85 帧插入帧。

(5) 新建 "图层 3"，在第 70 帧插入空白关键帧，将图片 "03.jpg" 拖曳到舞台中并与舞台
居中对齐，选择【插入】/【时间轴特效】/【效果】/【模糊】菜单命令，打开【模糊】
对话框并设置参数，如图 5-80 所示。

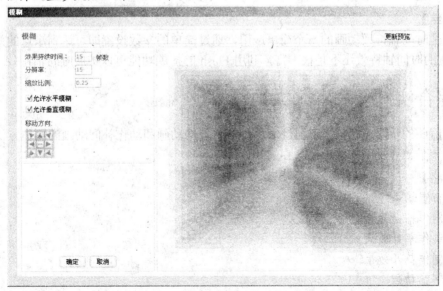

图5-80 设置 "模糊" 特效参数

(6) 打开【库】面板，选择"模糊 3"元件，双击进入元件内部。选择所有帧，单击鼠标右键，在弹出的菜单中选择"翻转帧"命令。

(7) 返回主场景，在第 85 帧插入空白关键帧，将图片"03.jpg"拖曳到舞台中并与舞台居中对齐。然后在第 115 帧插入帧。

(8) 新建"图层 4"，在第 105 帧插入空白关键帧，将图片"04.jpg"拖曳到舞台中并与舞台居中对齐，选择【插入】/【时间轴特效】/【变形/转换】/【转换】菜单命令，打开【转换】对话框并设置参数，如图 5-81 所示。

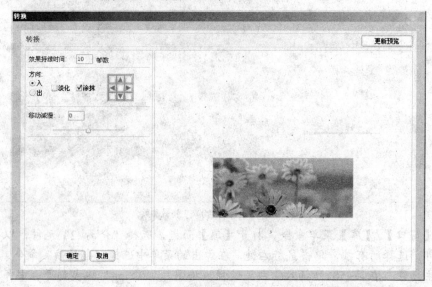

图5-81 设置"转换"特效参数

(9) 在第 115 帧插入空白关键帧，将图片"04.jpg"拖曳到舞台中并与舞台居中对齐。然后在第 135 帧插入帧。

3. 至此，整个动画就制作完成了。保存并测试影片。

【案例小结】

本例是时间轴特效动画的一个简单应用，通过简单的参数设置即可达到满意的效果，但Flash 内置的时间轴特效还不是很丰富，利用 Flash 的扩展功能可以扩展时间轴特效。

5.5 综合实例——春来大地

通过前面的学习，相信读者已经掌握了形状补间动画和动作补间动画的制作方法了，下面来制作一个较为复杂的动画——春来大地。

【设计思路】

- 布置场景。
- 制作辅助元素。
- 制作草叶效果。
- 制作花开效果。
- 制作动画。
- 添加飞舞的蝴蝶。

- 完成动画的制作。

【设计效果】

创建如图 5-82 所示效果。

图5-82　最终设计效果

【操作步骤】

1. 布置场景。

(1) 新建一个 Flash 文档，设置文档尺寸大小为"600 像素×400 像素"，其他属性保持默认参数。

(2) 将"图层 1"重命名为"天空背景"层，在舞台上绘制一个宽高为"600 像素×400 像素"的矩形并与舞台居中对齐。在【颜色】面板中，设置填充颜色类型为"线性"，从左至右色块颜色分别为"#6699FF"和"#FFFFFF"，如图 5-83 所示。使用【渐变变形】工具调整填充后效果如图 5-84 所示。

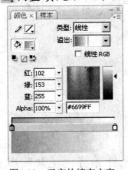

图5-83　天空的填充方案

图5-84　天空效果

(3) 新建图层并重命名为"草坪"层，将教学资源包中的"素材\第五章\草坪.png"文件导入到舞台中，效果如图 5-85 所示。

图5-85　添加草坪

2. 制作辅助元素。

(1) 新建图层并重命名为"小草"层。选择【插入】/【新建元件】菜单命令，新建一个图形元件并命名为"小草"，单击 确定 按钮，进入元件内部进行编辑，在图层 1 绘制图5-86 所示的小草，新建"图层 2"并绘制图 5-87 所示的花朵（或者从教学资源包"素材\第五章\春来大地.fla"文件中获取）。

图5-86 绘制小草

图5-87 绘制小花

(2) 返回主场景，打开【库】面板，将库中名为"小草"的图形元件拖曳到舞台中，利用【任意变形】工具 调整其大小并布置成如图 5-88 所示。

(3) 新建图层并重命名为"花朵"层。在舞台上绘制花朵，如图 5-89 所示。然后按 F8 快捷键将其转换成名为"花朵"的图形元件（或者从教学资源包"素材\第五章\春来大地.fla"文件中获取）。

图5-88 布置小草

图5-89 绘制花朵

(4) 按住 Alt 键，用鼠标拖动复制出若干个"花朵"元件并将"花朵"布置成如图 5-90 所示。

图5-90 布置花朵

(5) 新建图层并重命名为"小孩"层，将教学资源包"素材\第五章\小孩.png"图片导入到舞台上，调整图片的大小和位置，效果如图 5-91 所示。

图5-91　添加小孩

(6) 新建图层并重命名为"白云"。在该层上绘制白云。然后选择所绘制的白云，按 F8 快捷键将其转换成名为"白云"的影片剪辑元件。

(7) 在主场景中，选择【窗口】/【属性】/【滤镜】菜单命令，打开【滤镜】面板，为"白云"元件添加一个"模糊"滤镜，如图 5-92 所示。最终效果如图 5-93 所示。

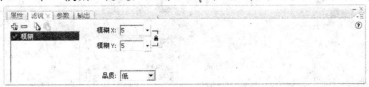

图5-92　添加模糊滤镜

图5-93　制作白云效果

3.　制作草叶效果。

(1) 新建一个影片剪辑元件并命名为"草"，单击 确定 按钮，进入元件内部进行编辑，将"图层 1"重命名为"草叶 1"层，然后在舞台上绘制如图 5-94 所示的草叶。

(2) 新建图层并重命名为"草叶 2"层，在该层上绘制如图 5-95 所示的草叶，选择该草叶，按 F8 快捷键将其转换成名为"草叶 2"的影片剪辑元件。

图5-94 绘制草叶 1 　　　　　　　　　　　　　　　　图5-95 添加草叶 2

(3) 双击"草叶 2"元件，在元件内部第 20 帧插入关键帧并调整草叶的形状。在第 40 帧插入关键帧并复原草叶的形状。然后在第 1 帧至第 20 帧，第 20 帧至第 40 帧上创建形状补间动画，以使草叶有风吹摆动的效果。其【时间轴】状态如图 5-96 所示。

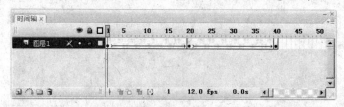

图5-96 草叶 2 的时间轴

(4) 返回"草"元件内部，按照步骤（2）和步骤（3）的方法，再制作 5 个草叶（或者从教学资源包"素材\第五章\春来大地.fla"文件中获取）。完成后的效果如图 5-97 所示。此时"草"元件的时间轴如图 5-98 所示。

图5-97 绘制完成的草叶

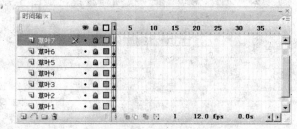

图5-98 "草"元件的时间轴

(5) 在"草"元件内部新建图层并重命名为"花茎 1"，在该图层上绘制如图 5-99 所示的花茎。同样，再新建一个图层并重命名为"花茎 2"层，在该图层上绘制如图 5-100 所示的花茎（或者从教学资源包"素材\第五章\春来大地.fla"文件中获取）。

图5-99 绘制花茎 1

图5-100 绘制花茎 2

4. 制作花开效果。

(1) 新建一个影片剪辑元件并命名为"花开"，单击 确定 按钮，进入元件内部进行编辑，在"图层 1"中绘制花蕊，如图 5-101 所示。选择所绘制的花蕊，按 F8 快捷键将其转换成名为"花蕊"的图形元件（或者从教学资源包"素材\第五章\春来大地.fla"文件中获取）。

(2) 新建"图层 2"，在第 4 帧插入空白关键帧，然后在舞台上绘制花瓣，如图 5-102 所示，选择所绘制的花瓣，按 F8 快捷键将其转换成名为"花瓣 1"的图形元件（或者从教学资源包"素材\第五章\春来大地.fla"文件中获取）。

(3) 新建"图层 3"，在第 8 帧插入空白关键帧，按照步骤（2）的方法制作如图 5-103 所示的花瓣 2。

(4) 新建"图层 4"，在第 12 帧插入空白关键帧，按照步骤（2）的方法制作如图 5-104 所示的花瓣 3。

图5-101　绘制花蕊　　　　图5-102　花瓣 1　　　　图5-103　花瓣 2　　　　图5-104　花瓣 3

(5) 在所有图层的第 26 帧插入帧，制作完成的花朵如图 5-105 所示。

图5-105　绘制完成的花朵

(6) 在"图层 1"的第 15 帧插入关键帧，然后选择第 1 帧中的花蕊元件，打开【变形】面板，修改其水平和垂直方向的变形量为"23.7%"。然后在第 1 帧至第 15 帧之间创建动作补间动画。

(7) 使用同样的方法，在"图层 2"的第 20 帧插入关键帧，然后选择第 4 帧中的"花瓣 1"元件，修改其变形量为"23.7%"，在两关键帧之间创建动作补间动画。

(8) 在"图层 3"的第 24 帧插入关键帧，然后选择第 8 帧中的"花瓣 2"元件，修改其变形量为"23.7%"，在两关键帧之间创建动作补间动画。

(9) 在"图层 4"的第 26 帧插入关键帧，然后选择第 12 帧中的"花瓣 3"元件，修改其变形量为"23.7%"，在两关键帧之间创建动作补间动画。完成花开效果的制作。

(10) 新建"图层 5"，在第 26 帧插入空白关键帧，按 F9 快捷键，打开【动作-帧】面板，输入脚本命令"stop();"（相关知识读者可参阅第 7 章的内容），如图 5-106 所示。

图5-106　插入动作命令

5. 制作动画。

(1) 返回主场景，在所有图层的第 30 帧插入帧，如图 5-107 所示。

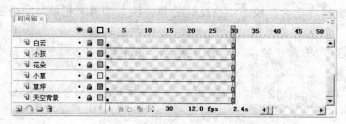

图5-107　时间轴

(2) 新建图层并重命名为"草"，将库中名为"草"的影片剪辑元件拖曳到舞台中，如图 5-108 所示。

图5-108　添加草元件

(3) 新建图层并重命名为"花开 1"层，在第 15 帧插入空白关键帧，将库中名为"花开"的元件拖曳到舞台中，其属性如图 5-109 所示。

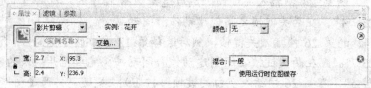

图5-109　花开 1 的属性

(4) 新建 4 个图层，分别重命名为"花开 2"层、"花开 3"层、"花开 4"层和"花开 5"层。依次在这 4 个图层的第 18 帧、第 24 帧、第 26 帧和第 28 帧插入空白关键帧，在每一个空白关键帧上都放置一个"花开"元件，其属性分别如图 5-110、图 5-111、图 5-112 和图 5-113 所示。此时的【时间轴】状态如图 5-114 所示。

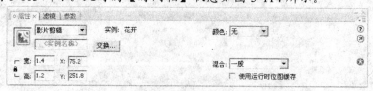

图5-110　花开 2 的属性

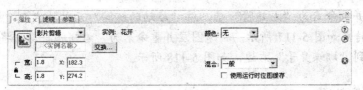

图5-111　花开 3 的属性

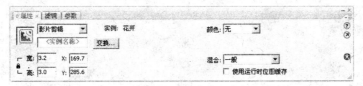

图5-112　花开 4 的属性

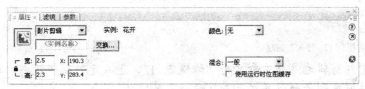

图5-113　花开 5 的属性

图5-114　添加花开元件后的时间轴

6. 添加飞舞的蝴蝶。

(1) 新建一个图形元件并命名为"翅膀",进入元件内部并绘制蝴蝶翅膀,如图 5-115 所示(或者从教学资源包"素材\第五章\春来大地.fla"文件中获取)。

(2) 新建一个影片剪辑元件并命名为"扇动的翅膀",进入元件编辑状态,将库中名为"翅膀"的元件拖曳到舞台中。在第 4 帧插入关键帧,修改"翅膀"水平方向的变形量为"26%"。在第 8 帧插入关键帧,将"翅膀"水平方向的变形量修改为"100%",然后在第 1 帧至第 4 帧,第 4 帧至第 8 帧之间创建动作补间动画。

(3) 新建一个影片剪辑元件并命名为"蝴蝶",进入元件编辑状态。将"图层 1"重命名为"蝴蝶身子",在舞台上绘制蝴蝶身子,如图 5-116 所示。

图5-115　翅膀

图5-116　蝴蝶身子

(4) 新建图层并重命名为"左翅膀"层，将"扇动的翅膀"元件拖曳到"蝴蝶身子"左边并水平翻转，如图 5-117 所示。新建图层并重命名为"右翅膀"层，将"扇动的翅膀"元件拖曳到"蝴蝶身子"右边，如图 5-118 所示。

图5-117　添加左翅膀　　　　　　　　　　图5-118　添加右翅膀

(5) 新建一个影片剪辑元件并重命名为"蝴蝶飞 1"，进入元件编辑状态，将库中名为"蝴蝶"的元件拖曳到舞台中并在第 300 帧插入关键帧。

(6) 新建"图层 2"，在该层上绘制图 5-119 所示的曲线，作为蝴蝶飞舞时的运动路径。

(7) 用鼠标右键单击"图层 2"，在弹出的菜单中选择"引导层"命令（引导层相关知识读者可参阅第 6 章）。用鼠标右键单击"图层 1"，在弹出的菜单中选择"属性"命令，打开【图层属性】对话框，然后点选"被引导"单选钮，如图 5-120 所示。

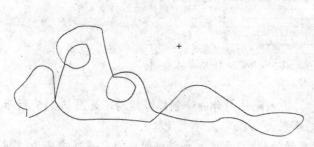

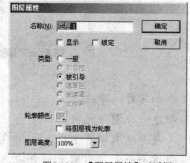

图5-119　绘制蝴蝶运动路径　　　　　　　　图5-120　【图层属性】对话框

(8) 选择图层 1 第 1 帧，按下 按钮，将"蝴蝶"元件拖曳到曲线的开始端，选择"图层 1"第 300 帧，将"蝴蝶"元件拖曳到曲线的结束端。

(9) 在"图层 1"的第 1 帧至第 300 帧之间创建动作补间动画。打开【属性】面板，勾选"调整到路径"复选框。此时蝴蝶就会沿曲线路径飞舞了。

(10) 同样，再制作一个"蝴蝶飞 2"的影片剪辑元件，蝴蝶飞舞的路径可任意绘制。

7. 完成动画的制作。

(1) 返回主场景。新建图层并重命名为"蝴蝶飞 1"，在该图层的第 30 帧插入空白关键帧。将库中名为"蝴蝶飞 1"的元件拖曳到舞台左下角。

(2) 同样，再新建图层并重命名为"蝴蝶飞 2"。在该层的第 30 帧插入空白关键帧，将库中名为"蝴蝶飞 2"的元件拖曳到舞台左下角，如图 5-121 所示。

图5-121　添加飞舞的蝴蝶

(3) 新建一个名为"动作"的图层。在第 30 帧插入关键帧，按 F9 快捷键，打开【动作-帧】面板，在脚本窗格中输入"stop();"命令。

8. 至此，整个动画就制作完成了。保存并测试影片。

【案例小结】

　　本例是一个较为复杂的动画，在制作过程中存在很多元件内部还有元件的情况，因此，掌握元件的相关知识是制作本例很重要的一个环节。在制作动画时，有时会多次重复使用同一个元件，这时就需要读者认真理解使用它们的意义。

小结

　　在本章中详细介绍了形状补间动画和动作补间动画的制作原理和技巧。形状补间动画可以实现对象由一个形状变化到另一个形状，如由三角形变化成四边形。动作补间动画可以实现对象由一个形态变化到另一个形态，如位置的移动、角度的改变等。

　　形状提示主要应用于变形较复杂或对动画变形要求较高的动画中。添加形状提示时，最好按逆时针顺序从形状的左上角开始放置形状提示。时间轴特效的应用相对较少，它主要应用于较复杂且重复的动画中。

　　在每一个知识点后面，都有一个实例的讲解。希望读者通过实例的学习，能够举一反三，全面掌握补间动画的原理和制作方法。

思考与练习

思考题

1. 能够进行形状补间的属性包括_____、_____、_____等。
2. 在一个形状补间动画中最多可以使用_____个形状提示，分别用_____到_____表示。
3. 在第 1 个关键帧中是用 Flash 文本工具输入的字母，在第 2 个关键帧中修改了该字母的字体大小。现在在两关键帧之间能否成功创建动作补间动画？该动作补间动画是否正确？如果不正确，又该如何修改？

4. 时间轴特效有几种类型，它们又可以应用于哪些对象上？

操作题

1. 使用形状补间动画制作图 5-122 所示的雨滴动画效果。

图5-122 雨滴效果

2. 使用动作补间动画制作图 5-123 所示蝴蝶飞舞的效果。

图5-123 蝴蝶飞舞

第6章 制作图层动画

遮罩层动画和引导层动画合起来称为图层动画。其中遮罩层动画是透过一个图层的图形来显示另一个图层图形，而引导层动画是使用一个图层上的线条来约束另一个图层上元件的运动，这两种动画形式都至少需要两个图层来共同完成。

这两种图层动画由于其工作原理特殊，所以在许多特殊的场合具有非常神奇的应用效果，并且具有一定的不可取代性，在本章的学习中将会对这两种图层动画做详尽地讲解，进行大量的案例分析，从而帮助读者掌握图层动画的原理和制作技巧。

【学习目标】

- 了解图层动画的原理。
- 掌握图层动画的制作技法。
- 掌握图层动画的设计思路。
- 通过实战提升动画制作水平。

6.1 制作遮罩层动画

遮罩（MASK）是 Flash 动画中的重要动画表现技法。由于其工作原理的特点，使得遮罩动画在特定的图像输出方面具有很大的优势。遮罩层动画与其他动画技术的合理配合，可以事半功倍地制作出各种丰富多彩的动画作品。

6.1.1 知识准备——遮罩层原理

在开始对遮罩层动画进行大量案例分析之前，首先来学习遮罩层的原理。

一、 创建遮罩

一个遮罩效果的实现至少需要两个图层，上面的图层是遮罩层，下面的图层是被遮罩层，如图 6-1 所示，其中"图层 2"是遮罩层，"图层 1"是被遮罩层。

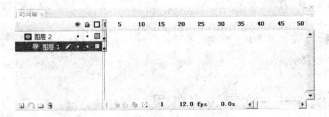

图6-1　两个图层的遮罩

要创建遮罩层，可以在选定的图层上单击鼠标右键，在弹出的快捷菜单中选择【遮罩层】命令，如图 6-2 所示。被遮罩层可以有多个，那就是多层遮罩，如图 6-3 所示，其中

"图层 2"为遮罩层,其余的所有图层都是被遮罩层。

图6-2 创建遮罩层

图6-3 多图层遮罩

二、 遮罩原理

与普通层不同,在具有遮罩层的场景中,只能透过遮罩层上的形状,才可以看到被遮罩层上的内容。在"图层 1"上放置一幅背景图,在"图层 2"上绘制一个白色五角星。在没有创建遮罩层之前,五角星遮挡了与背景图片重叠的区域,如图 6-4 所示。

将"图层 2"转换为遮罩层之后,可以透过遮罩层("图层 2")上五角星看到被遮罩层("图层 1")中与背景图片重叠的区域,如图 6-5 所示。

图6-4 遮罩前的效果

图6-5 遮罩后的效果

要点提示 遮罩层中的对象必须是色块、文字、符号、影片剪辑元件(MovieClip)、按钮或群组对象,而被遮罩层不受限制。

6.1.2 典型案例 1——文字过光效果

下面通过一个简单而又经典的遮罩动画案例——文字过光效果来讲解遮罩动画。

【设计思路】

- 背景制作。
- 编辑场景。
- 制作遮罩层动画。

【设计效果】

创建图 6-6 所示效果。

图6-6 最终设计效果

【操作步骤】

1. 背景制作。

(1) 新建一个 Flash 文档，设置文档尺寸为"400 像素×160 像素"，其他属性保持默认参数。

(2) 将默认"图层 1"重命名为"背景"层，选择【文件】/【导入】/【导入到舞台】菜单命令，将教学资源包中的"素材\第六章\背景.jpg"文件导入到舞台中，设置图片宽高为"400 像素×160 像素"并与舞台居中对齐，舞台效果如图 6-7 所示。

2. 编辑场景。

(1) 新建图层并重命名为"文字"层，将其拖曳到"背景"层上面，输入"光彩夺目"4 个字，设置字体为"方正综艺简体"，字体颜色为"黑色"，字体大小为"50"并与舞台居中对齐，如图 6-8 所示。

图6-7 导入背景图片　　　　　　　　图6-8 输入文字

(2) 新建图层并重命名为"过光遮罩"层，将其拖曳到图层管理器的最顶层，复制"光彩夺目"4 个字，在"过光遮罩"层上，单击鼠标右键，在弹出的快捷菜单中选择【粘贴到当前位置】命令，将文字复制到"过光遮罩"层中。

(3) 选择"过光遮罩"层上的文字，然后连续两次按 Ctrl + B 快捷键，将文字全部打散，效果如图 6-9 所示。

(4) 新建图层并重命名为"光效"，将其拖曳到"过光遮罩"图层的下面，绘制图 6-10 所示的白色图形并将其转化为元件，命名为"光效"。

图6-9　过光遮罩

图6-10　绘制光效

3.　制作遮罩层动画。

(1)　在"背景"层和"文字"层的第 25 帧处插入帧，在"过光遮罩"层和"光效"层的第 15 帧处分别插入帧和关键帧，效果如图 6-11 所示。

(2)　设置"光效"元件在第 15 帧处的位置如图 6-12 所示并在第 1 帧和第 15 帧之间创建补间动画。

图6-11　图层信息

图6-12　设置遮罩层

(3)　用鼠标右键单击"过光遮罩"层，在弹出的快捷菜单中选择【遮罩层】命令，将该图层转化为遮罩层，此时，【时间轴】状态如图 6-13 所示。

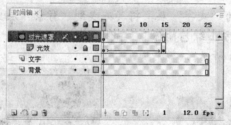

图6-13　设置遮罩

(4)　为了过光效果更加具有视觉冲击感，选择"光效"层的第 1 帧，然后在其【属性】面板中，设置【缓动】为"100"，其属性设置如图 6-14 所示。

图6-14　设置缓动

4.　保存测试影片，一个光彩夺目的文字过光效果制作完成。

【案例小结】

　　本案例属于遮罩动画的经典案例，很好地掌握并延伸，可以制作出各种遮罩效果，例如，望远镜效果、手电筒效果等。在本案例的最后还使用了缓动来设置光效元件的运动速率变化，可见动画要具有好的视觉冲击力，速率变化也是十分重要的。

6.1.3　典型案例 2——动态折扇效果

折扇是古代文人的挚爱，一折一叠中尽显风流与才气。如何使用 Flash 来制作折扇效果呢？使用遮罩层动画是最好的选择。

【设计思路】

- 折扇制作。
- 图层关系分析。
- 折扇展开特效制作。
- 最终效果完善。

【设计效果】

创建图 6-15 所示效果。

图6-15　最终效果展示

【操作步骤】

1.　折扇骨架制作。

(1)　新建一个 Flash 文档，文档属性使用默认参数。

(2)　将默认"图层 1"重命名为"扇片"层，然后绘制宽为"382"的直线并设置直线的笔触高度为"3"，笔触颜色为"黑色"，笔触端点为"圆角"，其属性设置如图 6-16 所示。

图6-16　设置属性对话框

(3)　将绘制的直线与舞台居中对齐，然后打开【变形】面板，点选【旋转】单选钮，在【旋转】框中输入"22.5 度"，【变形】面板中各参数设置如图 6-17 所示。连续 7 次单击【复制并应用变形】按钮囗，得到 8 根"扇片"，效果如图 6-18 所示。

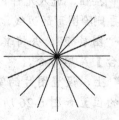

图6-17　设置【变形】面板　　　　　　　　　　　　图6-18　制作扇片

(4) 新建图层并重命名为 "扇柄" 层，选择【选择】工具 将 "扇片" 层上的下半部分的 7
节直线选中，进行剪切，然后在 "扇柄" 层中将图形粘贴到当前位置，隐藏 "扇片"
层，得到图 6-19 所示的效果。

(5) 在 "扇柄" 层上利用【椭圆】工具 绘制一个填充颜色为 "无"，宽高为 "40 像素×40
像素" 的圆形并将其与舞台居中对齐，效果如图 6-20 所示。

图6-19 制作扇柄

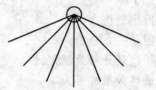

图6-20 绘制圆

(6) 利用【选择】工具 选择删除圆形轮廓外面的多余线段，如图 6-21 所示。再利用【选
择】工具 选择删除圆，如图 6-22 所示。

图6-21 删除多余线段

图6-22 删除圆

2. 制作扇身。

(1) 隐藏 "扇片" 层和 "扇柄" 层，新建图层并重命名为 "扇身" 层，在其上选择【椭
圆】工具 ，绘制笔触颜色为 "无"，宽高为 "380 像素×380 像素" 的圆形并与舞台
居中对齐，再绘制一个宽高为 "190 像素 190 像素" 的圆形并与舞台居中对齐，效果如
图 6-23 所示。

(2) 利用【直线】工具 绘制一条宽为 "380" 的直线并与舞台居中对齐，然后利用【选
择】工具 选择并删除多余线段，效果如图 6-24 所示。

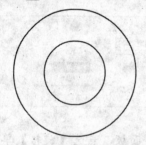

图6-23 绘制双圆

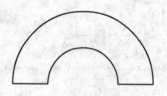

图6-24 删除多余线段

(3) 选择图 6-24 所示的图形，按 F8 快捷键将图形转化为元件，并命名为 "扇身"，单击
确定 按钮，进入元件内部进行编辑。选择【颜料桶】工具 ，将图形内部填充上黄
色，再删除图形的边线，效果如图 6-25 所示。

(4) 新建 "图层 2"，并将其拖曳到 "图层 1" 的下面，选择【文件】/【导入】/【导入
到舞台】菜单命令，将教学资源包中的 "素材\第六章\风景.bmp" 文件导入到 "图
层 2" 上，设置图片的宽高为 "550 像素×400 像素"，放置图片相对 "图层 1" 上
图形的位置如图 6-26 所示。

图6-25　制作遮罩图形　　　　　　　　　　　　　图6-26　导入图片

(5) 用鼠标右键单击"图层 1"，在弹出的快捷菜单中选择【遮罩层】命令，将"图层 1"
转化为遮罩层，如图 6-27 所示。

遮罩效果　　　　　　　　　　　　　　　　　　选择命令

图6-27　设置遮罩层

3. 完善折扇。

(1) 返回主场景，取消对全部图层的隐藏，得到图 6-28 所示的效果，图层顺序如图 6-29 所
示。

图6-28　折扇效果　　　　　　　　　　　　　图6-29　图层顺序

(2) 通过观察会发现折扇的扇身没有一般纸质的半通透效果，所以选择主场景中的"扇
身"，设置其【Alpha】值为"80%"，其属性设置如图 6-30 所示。

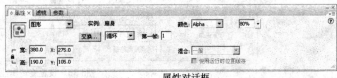

纸质效果　　　　　　　　　　　　　　　　　属性对话框

图6-30　设置纸质效果

(3) 为了增加折扇的真实感，为折扇加入一个扇栓。新建图层并重命名为"扇栓"层，将
其拖曳到所有图层的最顶端，在其上绘制一个宽高为"7 像素×7 像素"，颜色为
"#D98719"的笔触为无的圆形并与舞台居中对齐，效果如图 6-31 所示。

图6-31　真实折扇效果

4. 制作遮罩动画。

(1) 在所有图层的第 50 帧处插入帧，将除"扇柄"以外的全部图层隐藏，新建图层并重命名为"扇柄遮罩"层，将"扇柄遮罩"层拖曳到"扇柄"层的上面，此时，【时间轴】状态如图 6-32 所示。

(2) 在"扇柄遮罩"图层上，利用【椭圆】工具 绘制笔触颜色为"无"，填充颜色为"红色"，宽高为"50 像素×50 像素"的圆形，与舞台居中对齐，然后删去圆的下半部分，效果如图 6-33 所示。

图6-32　创建扇柄遮罩图层

图6-33　绘制扇柄遮罩

(3) 选择半圆，将其转化为影片剪辑元件，命名为"扇柄遮罩"，在主场景中选择"扇柄遮罩"元件，利用【任意变形】工具 将"扇柄遮罩"的重心点拖曳到半圆的圆心处，效果如图 6-34 所示。

(4) 在"扇柄遮罩"层的第 50 帧处插入关键帧，在该帧处选择"扇柄遮罩"元件，在【变形】面板中将其旋转180°，如图 6-35 所示。然后在第 1 帧和第 50 帧之间创建补间动画，选中第 1 帧打开【属性】面板，设置其【旋转】属性为"逆时针"，【次】为"0"，其属性设置如图 6-36 所示。

图6-34　设置扇柄遮罩元件重心

图6-35　旋转扇柄遮罩

图6-36　设置旋转属性

(5) 将"扇柄遮罩"层设置为遮罩层，"扇柄"层设置为被遮罩层。

(6) 使用同样方法创建扇片遮罩动画和扇身遮罩动画，制作完成后，【时间轴】面板的状态如图 6-37 所示，遮罩动画效果如图 6-38 所示。

图6-37 图层情况

图6-38 折扇展开效果

5. 动态扇片制作。

(1) 根据观察发现，现在动态展开折扇的效果还不够真实，需要添加一个动态的扇片来伴随折扇的展开。隐藏除 "扇栓" 层以外的所有图层，新建图层并重命名为 "动态扇片" 层。

(2) 将 "动态扇片" 层拖曳到 "扇栓" 层的下面，在其上利用【直线】工具 ＼ 绘制【笔触颜色】为 "黑色"，笔触高度为 "3"，笔触端点为 "圆角"，宽为 "211" 的实线，并转化为元件命名为 "动态扇片"，然后设置其位置坐标 x、y 分别为 "359.5"、"200"，并设置其重心位置与 "扇栓" 重合，效果如图 6-39 所示。

(3) 在 "动态扇片" 层的第 50 帧处插入关键帧，并在该帧处选择 "动态扇片" 元件，在【变形】面板中将其旋转180°，舞台效果如图 6-40 所示。

图6-39 动态扇片   图6-40 旋转扇片

(4) 在第 1 帧和第 50 帧之间创建补间动画，并在【属性】面板中，设置其【旋转】属性为 "逆时针"，【次】为 "0"。将全部图层取消隐藏，此时，舞台效果如图 6-41 所示。

图6-41 动态折扇效果

6. 添加动态文字。

(1) 目前折扇打开效果已经比较理想，但是整个画面还显得单调，可以加入文字来点缀一下。新建图层并重命名为 "动态文字" 层，将其拖动到 "扇栓" 层的上面，然后在该图层上利用【文本】工具 T 输入 "折扇效果" 4 个字，设置字体为 "方正舒体"，字体大小为 "50"，字体颜色为 "黑色"，并设置其位置坐标 x、y 分别为 "173.0"、"240"，文字效果如图 6-42 所示。

(2) 选择文字，按 Ctrl + B 快捷键将文字打散，如图 6-43 所示。然后在"动态文字"图层的第 10 帧、第 20 帧、第 30 帧、第 40 帧处分别插入关键帧，在第 1 帧处删去"折扇效果" 4 个字，第 10 帧处删去"扇效果"，第 20 帧处删去"效果"，第 30 帧处删去"果"。这样动态的文字效果就制作完成了。

图6-42　创建文字

图6-43　打散文字

7.　保存测试影片，一个极具复古韵味的折扇制作完成。

【案例小结】

　　通过本案例，首先要掌握遮罩动画制作的一般设计思路和制作技巧，同时还要认识在制作过程中，一定要有不断地完善的动画的设计，只有经过思考制作出来的作品，才能达到更好的效果。

6.2　制作引导层动画

　　引导层动画在制作具有特定运动轨迹且轨迹无规律的动画中，具有非常重要的意义。牢固掌握和灵活应用引导层动画是学习制作 Flash 动画的催化剂。

6.2.1　知识准备——引导层的原理

　　引导层动画的原理十分简单，很好地掌握它是后续进行练习的基础。

一、　创建引导层和被引导层的方法

　　引导层动画和遮罩层动画一样，实现至少也需要两个图层，上面的图层是引导层，下面的图层是被引导层，如图 6-44 所示，其中"图层 1"是引导层，"图层 2"是被引导层。

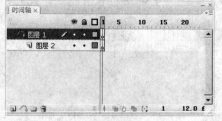

图6-44.　引导层和被引导层

　　要创建引导层，可以在图层上单击鼠标右键，在弹出的快捷菜单中选取【引导层】命令，如图 6-45 所示。

　　与遮罩动画不同，被引导层需要通过设置来创建，一般使用鼠标将被引导图层拖曳到引导层的下面，当引导层的图标从 ↖ 变为 ◔ 时释放，则创建成功（参见图 6-44）。

　　被引导层同样可以有多个，那就是多层引导，如图 6-46 所示，图中"图层 1"为引导

层，其余的所有图层都是被引导层。

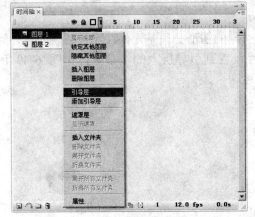

图6-45　创建引导层

图6-46　多层引导

二、　引导层动画原理

引导层动画与逐帧和补间动画不同，它是通过在引导层上绘制的线条来作为被引导层上元件的运动轨迹，从而对被引导层上的动画进行路径约束。

图 6-47 所示为被引导层上小球在第 1 帧和第 50 帧处的位置。

小球在第 1 帧的位置　　　　　　　　　　小球在第 50 帧的位置

图6-47　被引导层图形的位置设置

如图 6-48 所示为小球的全部运动轨迹，通过观察，可以很清晰地了解引导层的引导功能。如果没有引导层动画的这个功能，使用逐帧动画完成这个看似简单的工作也是十分困难的。

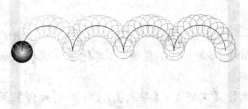

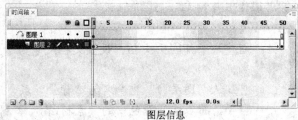

小球的运动轨迹　　　　　　　　　　　　　图层信息

图6-48　小球的轨迹

要点提示 引导层上的路径在发布时，并不会显示出来，只是作为被引导图形的运动轨迹。

通过上面的讲解可以知道，在被引导层上被引导的图形必须是元件，而且必须创建补间动画，同时还需要将元件在关键帧处的重心位置设置到引导层上的线条上，如图 6-49 所示。设置成功后，被引导元件便会按照既定路线运动了。

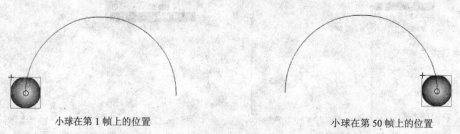

小球在第 1 帧上的位置　　　　　　　　　　　　　　　小球在第 50 帧上的位置

图6-49　元件位置的设置

6.2.2　典型案例 1——砰然心跳

在很多影视作品中，经常都会用到测试心跳的仪器来表现一个停止心跳的人起死回生。如何使用引导层动画来表达心跳仪器，如何表达人物在死亡边缘又砰然心跳呢？本案例将会对此进行讲解与制作。

【设计思路】
- 素材制作。
- 制作引导层动画。
- 制作遮罩层动画。

【设计效果】
创建如图 6-50 所示效果。

图6-50　最终效果

【操作步骤】
1.　素材制作。
(1)　新建一个 Flash 文档，设置文档尺寸为 "300 像素×120 像素"，其他属性保持默认参数。
(2)　将默认 "图层 1" 重命名为 "背景" 层，选择【文件】/【导入】/【导入到舞台】菜单命令，将教学资源包中的 "素材\第六章\砰然心跳背景.bmp" 文件导入到舞台中并与舞台居中对齐，使其刚好覆盖整个场景，舞台效果如图 6-51 所示。
(3)　将 "背景" 层锁定，新建图层并重命名为 "心跳曲线" 层，将其拖曳到 "背景" 层的上面，然后利用【直线】工具 ＼ 和【选择】工具 ↖ 绘制一条如图 6-52 所示的心跳曲线，曲线的笔触颜色为"红色"，笔触高度为"1"，其他属性保持默认参数。

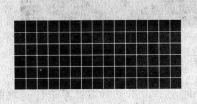

图6-51 导入背景图片 图6-52 绘制心跳曲线

(4) 新建一个图形元件，命名为"心跳亮点"，单击 确定 按钮，进入元件内部进行编辑。利用【椭圆】工具 ○ 绘制一个宽高为"13 像素 × 13 像素"的圆形。打开【颜色】面板设置笔触颜色为"无"，填充类型为"放射状"，从左至右第 1 个和第 2 个色块颜色都为"#00FF00"，第 3 个色块颜色为"#00CC00"，第 4 个色块颜色为"#00FF00"且其【Alpha】值为"0%"，如图 6-53 所示。

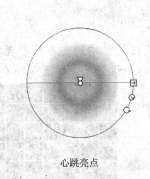

心跳亮点

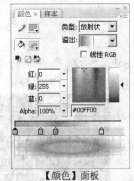

【颜色】面板

图6-53 制作心跳亮点

(5) 返回主场景，新建图层并重命名为"心跳亮点"层，将其拖曳到"心跳曲线"层下面，然后将"心跳亮点"元件拖曳到该图层。在所有图层的第 30 帧处插入帧，在"心跳亮点"层的第 30 帧处插入关键帧，此时，【时间轴】状态如图 6-54 所示。

图6-54 设置图层

(6) 在第 1 帧处将"心跳亮点"放置到"心跳曲线"的最左端，在第 30 帧处将"心跳亮点"放置到"心跳曲线"的最右端，并且元件的重心都要在曲线上，如图 6-55 所示。

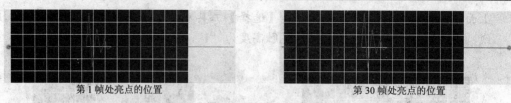

第1帧处亮点的位置　　　　　　　　　　　第30帧处亮点的位置

图6-55　设置亮点位置

2.　制作引导层动画。

(1)　在"心跳亮点"层的第 1 帧和第 30 帧之间创建补间动画，用鼠标右键单击"心跳曲线"层，在弹出的快捷菜单中选择【引导层】命令，将其转化为引导层。然后选中"心跳亮点"图层将其拖曳到"心跳曲线"图层下面，将其转化为被引导层，如图 6-56 所示。

图6-56　设置引导层

(2)　观察分析"心跳亮点"的运动，发现其运动速率变化是平均的，不符合现实。所以在心跳亮点层的第 12 帧和第 16 帧处插入关键帧，并分别设置亮点位置如图 6-57 所示。

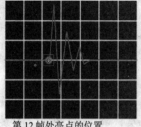 

第12帧处亮点的位置　　　　　　　　　　　第16帧处亮点的位置

图6-57　设置亮点位置

3.　制作遮罩层动画。

(1)　新建图层并重命名为"遮罩曲线"，将其拖曳到"背景"图层的上面，复制"心跳曲线"图层上的曲线，使用【粘贴到当前位置】命令将曲线粘贴到"遮罩曲线"图层上，然后将"心跳曲线"图层隐藏，此时的图层情况如图 6-58 所示。

图6-58　图层情况

(2)　选择"遮罩曲线"层上的曲线，调整其笔触高度为"3"，颜色为"蓝色"，并利用【修改】/【形状】/【将线条转化为填充】菜单命令将线条转化为填充，如图 6-59 所示。

图6-59 制作遮罩

(3) 新建图层并重命名为"色块",将其拖曳到"遮罩曲线"层下面,然后在其上利用【矩形】工具■绘制一个宽高为"100 像素×100 像素"的矩形。打开【颜色】面板,设置颜色类型为"线性",从左至右第 1 个色块颜色为"#00FF00"且其【Alpha】值为"0%",第 2 个色块颜色为"#00FF00",如图 6-60 所示。

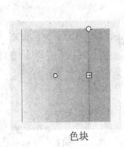

色块

【颜色】面板

图6-60 制作色块

(4) 在"色块"层的第 30 帧处插入关键帧,在第 1 帧和第 30 帧之间创建补间形状,并设置"色块"在第 1 帧的坐标位置 x、y 分别为"-104"、"0",第 30 帧的坐标位置 x、y 分别为"277"、"0",如图 6-61 所示。

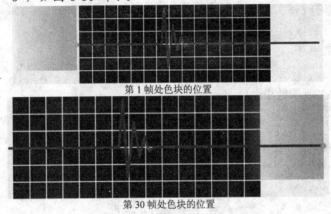

第 1 帧处色块的位置

第 30 帧处色块的位置

图6-61 设置色块的位置

(5) 因为"色块"的 x 位置由"心跳亮点"来决定,所以需要对色块在第 12 帧至 16 帧之间的 x 位置进行调整。在"色块"图层的第 12 帧至第 16 帧全部插入关键帧,然后设置每帧"色块"的位置以其最右端刚好在"心跳亮点"的中点为准,如图 6-62 所示。

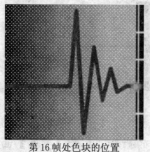

第16帧处色块的位置

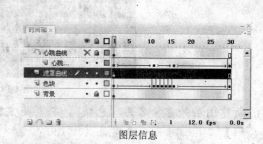

图层信息

图6-62　设置色块位置

(6) 用鼠标右键单击"遮罩曲线"图层，在弹出的快捷菜单中选择【遮罩层】命令，这样色块特效就制作完成了。

4. 保存测试影片，一个动感十足的砰然心跳效果就制作完成了。

【案例小结】

本案例运用了引导层动画并配合遮罩层动画完成了砰然心跳的效果，通过本案例的学习，除了应该巩固引导层动画的知识以外，更重要的是要学会制作引导层动画的设计思路，并且要培养细心和耐心，只有这样才能做出好的动画作品。

6.2.3　典型案例2——定点投篮

篮球是当今最流行的球类运动之一，相信大家都不陌生，如何制作一个定点投篮效果呢？方法有很多种，但是使用引导层动画是最为简单有效的方法。

【设计思路】

- 打开制作模板。
- 制作思路分析。
- 篮球飞行制作。
- 最终效果完善。

【设计效果】

创建如图6-63所示效果。

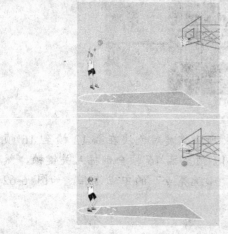

图6-63　最终效果

【操作步骤】

1.   打开模板进行分析。

(1)   由于本案例讲解的重点是引导层动画，所以该动画中的场景、道具、人物等都由本书
提供，并给出制作模板，用户只需完成引导层动画的相关部分。打开教学资源包中的
"素材\第六章\定点投篮.fla"文件，效果如图 6-64 所示。

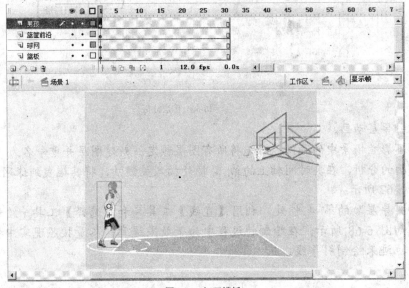

图6-64   打开模板

(2)   观察"男孩"元件的前 5 帧的动画，如图 6-65 所示。可以发现，当在第 4 帧时，男孩
手中的篮球消失了，在第 5 帧处，男孩做出了一个投球的动作，从而可以推断出，引
导层动画应该从第 4 帧开始，并且篮球的位置要根据第 4 帧男孩的手的位置来确定。

第1帧   第2帧   第3帧   第4帧   第5帧

图6-65   "男孩"元件的前 5 帧动画

(3)   观察整个场景，如图 6-66 所示，不难发现，引导层动画中的篮球，要经过"男孩的
手"、"篮筐"、"球网"这 3 个图形，所以根据视角分析，可以判定引导层应该创建在
"男孩"、"篮筐前沿"、"球网"这 3 个元件所在图层的下面，而在"篮板"、"地板"、
"篮筐后沿"这 3 个元件所在图层的上面。

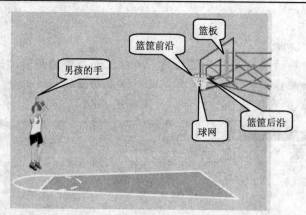

图6-66　图层分析

2. 制作引导层动画。

(1) 为了不影响场景中的元件，首先将所有图层锁定。新建图层并重命名为"引导层"，根据前面的分析，在其时间轴上的第 4 帧处插入关键帧，将其拖曳到球网图层的下面，如图 6-67 所示。

(2) 在"引导层"的第 4 帧处，利用【直线】工具 ＼和【选择】工具 ▶绘制篮球运动的路线如图 6-68 所示。在绘制的过程中为了效果逼真，尽量按照现实中投篮时篮球运动的轨迹来绘制引导线。

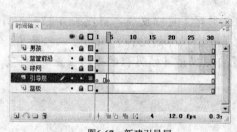

图6-67　新建引导层

图6-68　绘制引导线

(3) 在引导层的下面创建图层并重命名为"篮球"层，在第 4 帧处插入关键帧，然后将"篮球"元件从【库】面板中拖曳到"篮球"层上，如图 6-69 所示。

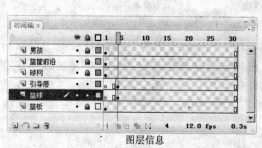

图层信息

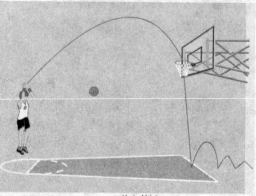

拖入篮球

图6-69　创建"篮球"图层

(4) 在"篮球"层的第 30 帧处插入关键帧，在第 4 帧和第 30 帧之间创建补间动画，设置篮球在第 4 帧处的位置到引导线的左端，设置第 30 帧处的位置到引导线的右端，效果如图 6-70 所示。

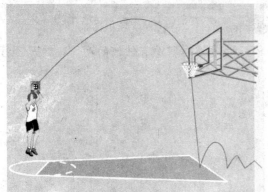

第 1 帧处篮球的位置　　　　　　　　　　　　　　第 30 帧处篮球的位置

图6-70　设置篮球的位置

(5) 用鼠标右键单击"引导层"，在弹出的快捷菜单中，选择【引导层】命令。然后将"篮球"层拖曳到"引导层"图层的下面，将其转化为被引导层。

3. 完善引导层动画。

(1) 测试观看影片，发现篮球运用的过程中显得十分僵硬，没有速率变化，和真实的篮球运动差别很大。单击"篮球"层上的第 4 帧，在【属性】面板中，单击 编辑... 按钮，如图 6-71 所示，打开【自定义缓入/缓出】对话框，将曲线调整至如图 6-72 所示的状态。

图6-71　【帧—属性】面板

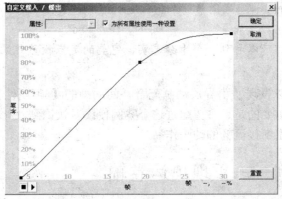

图6-72　调整篮球运动速率

(2) 通常情况下，篮球在被投射出去之后，还会具有相对于投球人手的反转运动，所以在【属性】面板中设置【旋转】属性为"逆时针"，【次】为"5"，其属性设置如图 6-73 所示。这样篮球的运动就更加真实了。

图6-73　设置旋转动画

(3) 再次测试观看影片，发现篮球在穿越"球网"的时候球网没有任何的动作，这是不符合现实的，如图 6-74 所示。

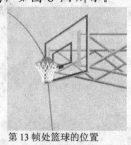

第 13 帧处篮球的位置

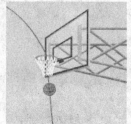

第 14 帧处篮球的位置

图6-74　篮球穿越效果

(4) 通常情况下，球在穿越球网的时候，球网都会由于惯性和自身弹性，而反弹起来。由于这里的球速还是很快，所以需要在"球网"图层的第 13 帧、第 14 帧和第 15 帧处插入关键帧，并设置第 14 帧处的球网形状，最后得到如图 6-75 所示的效果。

第 13 帧处球网的形状

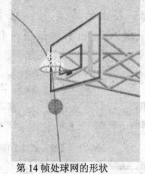

第 14 帧处球网的形状

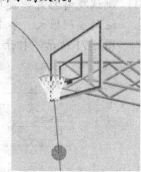

第 15 帧处球网的形状

图6-75　球网动态效果

4.　保存测试影片，可以看到一个十分真实、完美的定点投篮效果已经制作完成了。

【案例小结】

通过本案例可以发现，引导层动画配合补间动画的【帧-属性】可以制作出大量逼真的动画效果，同时更重要的是，希望通过这个案例使读者认识到，动画的各个元素之间需要很好地配合才能制作出衔接流畅的动画作品。

6.3　综合实例——重现奥运卷轴

2008 年北京奥运会的开幕式盛大而又典雅，通过它向世界很好地展示了中国璀璨的历史文化和民族风情。贯穿于整个开幕式的巨幅卷轴相信谁都没有忘记，如此唯美动人的画面，能够使用 Flash 动画来重现吗?答案是肯定的，在综合实例中，就将应用引导层动画和遮罩层动画来重现奥运卷轴绚丽效果。

【设计思路】

- 素材制作。
- 发光轴制作。
- 卷轴展开特效制作。
- 水墨画效果制作。

【设计效果】

创建图 6-76 所示效果。

图6-76 最终效果

【操作步骤】

1. 素材制作。

(1) 新建一个 Flash 文档，设置文档尺寸为"800 像素×600 像素"，背景色为"黑色"，其他属性保持默认参数。

(2) 将默认"图层 1"重命名为"清明上河图"层，并将教学资源包中的"素材\第六章\清明上河图.jpg"文件导入到舞台中并与舞台居中对齐，效果如图 6-77 所示。

图6-77 导入清明上河图

(3) 打开图片的【属性】面板可以看到"清明上河图"的宽高为"720 像素×238 像素",从而确定卷轴两端"轴"的宽高为"22 像素×238 像素"。

(4) 新建影片剪辑元件,并命名为"轴",单击 确定 按钮,进入元件内部进行编辑。将默认"图层 1"重命名为"轴遮罩"层。然后选择【矩形】工具 □,绘制一个宽高为"22 像素×238 像素",填充颜色为"蓝色",笔触颜色为"无"的矩形并与舞台居中对齐。

(5) 新建图层并重命名为"祥云图案"层,将其拖曳到"轴遮罩"层的下面,然后将教学资源包中的"素材\第六章\祥云图案.png"文件导入到舞台中,并设置其宽高为"238 像素×221 像素",位置坐标 x、y 分别为"-10"、"-119",效果如图 6-78 所示。

图6-78　导入祥云图案

(6) 用鼠标右键单击"轴遮罩"层,在弹出的快捷菜单中选择【遮罩层】命令,将"轴遮罩"层转化为遮罩层,效果如图 6-79 所示。

(7) 在"轴遮罩"层的第 80 帧处插入帧,在"祥云图案"层的第 80 帧插入关键帧,并设置该帧处"祥云图案.png"的位置坐标 x、y 为"-210"、"-119"。在"祥云图案"图层的第 1 帧到第 80 帧之间创建补间动画,如图 6-80 所示。

图6-79　遮罩效果

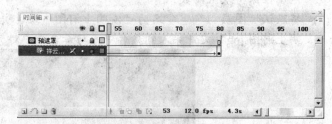

图6-80　创建补间动画

(8) 新建图层并重命名为"发光特效"层,将其拖动到"轴遮罩"层上面,并利用【矩形】工具 □ 绘制一个宽高为"44 像素×238 像素"的矩形,在【颜色】面板中设置其笔触颜色为"无",填充颜色为"线性渐变"。从左至右第 1 个色块颜色为"白色"且其【Alpha】值为"0%",第 2 个色块颜色为"白色",第 3 个色块颜色为"白色"且其【Alpha】值为"0%",第 4 个色块颜色为"白色",第 5 个色块颜色为"白色"且其【Alpha】值为"0%",如图 6-81 所示。

(9) 将光效矩形与舞台居中对齐,可以得到图 6-82 所示的立体发光效果。

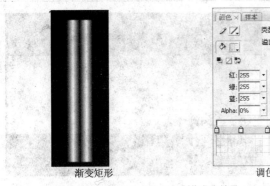

渐变矩形　　　　　　　　　　　　　　调色器

图6-81　制作发光效果　　　　　　　　　　　　　　图6-82　立体发光轴

2.　制作轴动画。

(1)　返回主场景，新建两个图层，分别重命名为"左轴"层和"右轴"层，并拖曳到"清明上河图"的上面。将【库】中的"轴"元件拖曳到"左轴"层上，设置其位置坐标 x、y 分别为"378"、"250"。将【库】中的轴元件拖曳到"右轴"层上，设置其位置坐标 x、y 分别为"422"、"250"，并选择【修改】/【变形】/【水平翻转】菜单命令，将右轴翻转，得到图 6-83 所示的对称轴效果。

图6-83　对称轴效果

(2)　同时选择"左轴"和"右轴"层上的轴元件，在【属性】面板中设置为"图形"，播放次数为"播放一次"，其属性设置如图 6-84 所示。

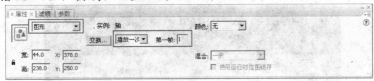

图6-84　设置"轴"元件属性

(3)　在所有图层的第 200 帧处插入关键帧，在"左轴"和"右轴"层的第 80 帧处插入关键帧，并分别设置"左轴"和"右轴"图层上"轴"元件的位置坐标 x、y 分别为"21"、"250"和"775"、"250"，并在两图层的第 1 帧和第 80 帧之间创建补间动画。效果如图 6-85 所示。

143

图6-85 动态轴效果

3. 制作卷轴展开。

(1) 为了制作方便，将"左轴"和"右轴"图层隐藏。

(2) 新建图层并重命名为"画纸"层，在其上利用【矩形】工具□绘制一个宽高为"420 像素×150 像素"的矩形，设置矩形的笔触颜色为"无"，位置坐标 x、y 分别为"190"、"175"，在【颜色】面板中设置的矩形填充颜色的类型为"线性"。从左至右第 1 个色块颜色为"#666600"，第 2 个色块颜色为"白色"，第 3 个色块颜色为"白色"，第 4 个色块颜色为"#666600"，如图 6-86 所示。

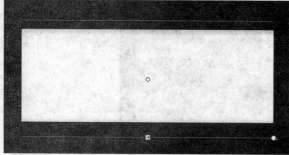 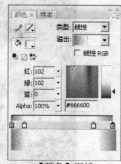

渐变矩形

【颜色】面板

图6-86 制作画纸效果

(3) 新建图层并重命名为"画布遮罩"层，并将其拖曳到"画纸"层的上面，在其上利用【矩形】工具□绘制一个宽高为"22 像素×238 像素"的矩形，填充颜色为"蓝色"，笔触颜色为"无"并与舞台居中对齐，如图 6-87 所示。

图6-87 绘制矩形

(4) 在"画布遮罩"的第 80 帧处插入关键帧，并修改其宽为"720"，再将其对齐居中到舞台，此时这个矩形刚好覆盖整个"清明上河图"，如图 6-88 所示。

图6-88 调整矩形大小

(5) 将"画布遮罩"层转化为遮罩层，并在第 1 帧和第 80 帧之间创建补间形状。将"清明上河图"层和"画纸"层转化为被遮罩层，如图 6-89 所示。

遮罩效果

图层信息

图6-89 制作遮罩动画

(6) 测试影片，卷轴展开效果已经制作完成，如图 6-90 所示。

图6-90 卷轴展开特效

4. 制作水墨画特效。

(1) 为了制作方便，将全部图层取消隐藏，再全部锁定。新建图层并重命名为"水墨画"层，将其拖曳到图层管理器的最顶层，在第 80 帧处插入关键帧，并在第 80 帧处绘制如图 6-91 所示的水墨图形。

图6-91　绘制水墨图形

(2) 新建图层并重命名为"水墨画遮罩"层，将其拖曳到"水墨画"层的上面，并在第 80 帧处插入关键帧，利用【矩形】工具 绘制一个矩形，填充颜色为"蓝色"，笔触颜色为"无"，宽高为"33 像素×150 像素"，位置坐标 x、y 分别为"188"、"175"，舞台效果如图 6-92 所示。

图6-92　加入遮罩图形

(3) 在"水墨画遮罩"层的第 150 帧处插入关键帧，并利用【任意变形】工具 将矩形拉长到覆盖整个"水墨画"，效果如图 6-93 所示。在第 80 帧到第 150 帧之间创建补间形状，并将"水墨画遮罩"层转化为遮罩层，得到如图 6-94 所示的效果。

图6-93　覆盖整个水墨画

图6-94　水墨画遮罩效果

(4) 为了更加生动地表达水墨画的绘制效果，新建一个图形元件并命名为"毛笔"层，单击 确定 按钮，进入元件内部进行编辑，绘制如图 6-95 所示的简易毛笔。设置其笔杆的填充颜色为"线性渐变"，从左至右第 1 个色块颜色为"白色"，第 2 个色块颜色为"#666600"。

(5) 返回主场景，新建图层并重命名为"毛笔路径"层，将其拖曳到图层管理器的最顶层，在第 80 帧处插入关键帧，并在该帧处绘制如图 6-96 所示的线条作为毛笔的路径。

(6) 新建图层并重命名为"毛笔"层，将其拖曳到"毛笔路径"层的下面，在第 80 帧处插入关键帧，并在该帧处拖入"毛笔"元件。利用【任意变形】工具 设置毛笔的重心到毛笔的笔尖，并设置宽高为"20 像素×100 像素"，如图 6-97 所示。

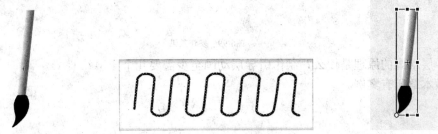

图6-95 绘制简易毛笔　　　　　　　图6-96 毛笔路径　　　　　　　图6-97 调整毛笔重心

(7) 在毛笔图层的第 150 帧处插入关键帧，并设置其第 80 帧处的位置在"毛笔路径"层的左端，设置其第 150 帧处的位置在"毛笔路径"层的右端，效果如图 6-98 所示。然后在第 80 帧和第 150 帧之间创建补间动画。

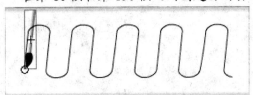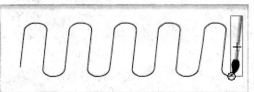

图6-98 设置毛笔的位置

(8) 将"毛笔路径"层转化为引导层，将"毛笔"层转化为被引导层。这样毛笔的动作就设置完成了。

5. 保存测试影片，可以看到一幅美仑美奂的奥运卷轴制作完成了。

【案例小结】

本案例使用了遮罩动画和引导层动画配合的方法制作出了唯美的奥运卷轴，通过本案例要认识到，创意是动画的灵魂，好的创意再加上正确的表现技法，就可以设计一个优秀的动画艺术作品。

小结

图层动画是 Flash 动画重点，合理的使用图层动画可以很好地完成某些特定效果的动画。通过本章的学习，读者应该掌握使用遮罩层动画和引导层动画的制作原理和制作方法，并且通过大量的实例练习，学会灵活地应用这两种动画形式。

创意和完善是动画作品得以升华的关键，所以技术只是动画制作的基石，而动画修养才是成就动画艺术殿堂的砖瓦。

思考与练习

1. 遮罩层动画的原理是什么？制作遮罩层动画至少需要几个图层？

2. 请读者使用自己的名字制作如图 6-99 所示的动态七彩文字效果。

Flash cs3　　　　　**Flash cs3**

图6-99　操作效果

3. 引导层动画的原理是什么？制作引导层动画至少需要几个图层？

4. 重做本章所有案例。

第7章　ActionScript 3.0 编程基础

ActionScript 一直以来都是 Flash 软件中的一个重要模块，特别是在 Flash CS3 中，对这一模块的功能进一步进行了加强，其中包括重新定义了 ActionScript 的编程思想，增加了大量的内置类，程序的运行效率更高等。在本章中，将介绍 ActionScript 3.0 的基本语法和编程方法，并通过实例了解几个常用内置类的使用方法。

【学习目标】
- 了解 ActionScript 3.0 的基本语法。
- 掌握一些常见特效的制作方法。
- 掌握代码的书写位置及方法。
- 掌握类的使用及扩展方法。

7.1　ActionScript 3.0 简介

ActionScript 3.0 是最新且最具创新性的 ActionScript 版本，它是针对 Adobe Flash Player 运行环境的编程语言，可以实现程序交互、数据处理以及其他许多功能。

ActionScript 3.0 相比于早期的 ActionScript 版本具有以下特点。
- 使用全新的字节码指令集，并使用全新的 AVM2 虚拟机执行程序代码，使性能显著提高，其代码的执行速度可以比旧式 ActionScript 代码快 10 倍。
- 具有更为先进的编译器代码库，严格遵循 ECMAScript（ECMA 262）标准，相对于早期的编译器版本，可执行更深入的优化。
- 使用面向对象的编程思想，可最大限度地重用已有代码，方便创建拥有大型数据集和高度复杂的应用程序。
- ActionScript 3.0 的代码只能写在关键帧上或由外部调入，而不能写在元件上。

7.2　ActionScript 3.0 的基本语法

在 ActionScript 3.0 代码编写过程中，需要遵循的基本语法规则主要有以下几点。

一、区分大小写

ActionScript 3.0 中大小写不同的标识符被视为不同。例如，下面的代码创建的是两个不同的变量。

```
var num1:int;
var Num1:int;
```

二、 点运算符

可以通过点运算符（.）来访问对象的属性和方法。例如有以下类的定义：

```
class ASExample
{
    public var name:String;
    public function method1():void { }
}
```

该类中有一个 name 属性和一个 method1()方法，借助点语法，并通过创建一个实例来访问相应的属性和方法：

```
var example1:ASExample = new ASExample();
example1.name = "Hello";
example1.method1();
```

三、 字面值

"字面值"是指直接出现在代码中的值。下面的示例都是字面值：

```
17
-9.8
"Hello"
null
undefined
true
```

四、 分号

可以使用分号字符（;）来终止语句。若省略分号字符，则编译器将假设每一行代码代表一条语句。使用分号来终止语句，则代码会更易于阅读。使用分号终止语句还可以在一行中放置多个语句，但是这样会使代码变得难以阅读。

五、 注释

ActionScript 3.0 代码支持两种类型的注释：单行注释和多行注释，编译器将忽略注释中的文本。

单行注释以两个正斜杠字符（//）开头并持续到该行的末尾。例如，下面的代码包含两个单行注释：

```
//单行注释 1
var num1:Number = 3; // 单行注释 2
```

多行注释以一个正斜杠和一个星号（/*）开头，以一个星号和一个正斜杠（*/）结尾。例如：

```
/*这是一个可以跨
多行代码的多行注释。*/
```

7.3 ActionScript 3.0 常用的内置类

Flash CS3 中提供了大量的 ActionScript 3.0 内置类，对于一般的初级用户，了解并掌握一些常用内置类的用法就足以应对日常 Flash 设计开发的需要。本节就将使用到几个常用内置类，在设计开发 Flash 作品的同时，介绍类、属性、方法等的使用方法和编程技巧。

7.3.1　知识准备

工欲善其事，必先利其器。在开始实例制作之前，首先对将要用到的重要方法和关键知识点进行学习，才能更好地读懂并掌握案例的制作方法。

一、　获取时间

ActionScript 3.0 对时间的处理主要通过 Date 类来实现，通过以下代码初始化一个无参数的 Date 类的实例，便可得当前系统时间。

```
var now:Date = new Date();
```

通过点运算符调用对象 now 中包含的 getHours()、getMinutes()、getSeconds()方法便得到当前时间的小时、分钟和秒的数值。

```
var hour:Number=now.getHours();
var minute:Number=now.getMinutes();
var second:Number=now.getSeconds();
```

二、　指针旋转角度的换算

(1) 对于时钟中的秒针，旋转一周是 60s 即 360°，每转过一个刻度是 6°。用当前秒数乘上 6 便得到秒针旋转角度。

```
var rad_s = second * 6;
```

(2) 对于分针，其转过一个刻度也是 6°，但为了避免每隔 1min 才跳动一下，所以设计成每隔 10s 转过 1°。

var rad_m = minute * 6 + int(second / 10);

其中 int(second / 10)表示用秒数除以 10 后取其整数，结果便是每 10s 增加 1。

(3) 对于时针，旋转一周是 12h360°，但通过 getHours()得到的小时数值为 0~23，所以先使用"hour%12"将其变化范围调整为 0~11（其中"%"表示前数除以后数取余数）。

时针每小时要旋转 30°，同样为了避免每隔 1h 才跳动一下，设计成每 2min 旋转 1°。

```
var rad_h = hour % 12 * 30 + int(minute / 2);
```

三、　元件动画设置

根据计算所得数值，通过点运算符访问并设置实例的 rotation 属性便可以形成旋转动画。

```
实例名.rotation = 计算所得数值;
```

四、　添加事件

ActionScript 3.0 中事件通过 addEventListener()方法来添加，一般格式如下。

```
接收事件对象.addEventListener(事件类型.事件名称，事件响应函数名称);
function 事件响应函数名称(e:事件类型)
{
    //此处是为响应事件而执行的动作
}
```

若是对时间轴添加事件，则使用 this 代替接收事件对象或省略不写。

五、 算法分析

设一个变量 index，要让 index 在 0～n-1 之间从小到大循环变化，则可使用如下算法。

```
index++;          //"++"表示 index = index+1，即变量自加 1
index = index % n;  //"%"表示取余数
```

若要让 index 在 0~n-1 之间从大到小循环变化，则使用如下算法：

```
index += n-1;    //"+="是 index = index + (n-1)的缩写形式
index = index % n;
```

7.3.2 典型案例 1——精美时钟

本案例将制作一个日常生活中常见的物品——时钟，它不但具有漂亮的外观，而且可以精确指示出当前的系统时间。其控制代码较少，且简单易懂，是作为 ActionScript 3.0 入门学习的最佳选择。

【设计思路】

- 制作时钟外壳和阴影。
- 制作表盘元素。
- 制作指针和转轴。
- 绘制玻璃罩。
- 添加控制代码。

【设计效果】

创建如图 7-1 所示效果。

图7-1　最终设计效果

【操作步骤】

1. 创建图层。
(1) 新建一个 Flash 文档，文档属性使用默认参数。
(2) 创建 9 个图层，从上到下依次重命名为 "AS3.0" 层、"玻璃罩" 层、"转轴" 层、"秒针" 层、"分针" 层、"时针" 层、"表盘" 层、"外壳" 层和 "阴影" 层。
2. 制作时钟外壳。
(1) 选择 "外壳" 层，利用【椭圆】工具 在舞台中绘制一个宽高为 "200 像素 × 200 像素" 的圆形，在【颜色】面板中设置其笔触为 "无"，填充颜色的类型为 "放射状"，从左至右第 1 个色块颜色为"#E86C28"，第 2 个色块颜色为"#FFD8C0"，如图 7-2 所示。

(2) 利用【对齐】面板将绘制的圆形与舞台居中对齐，然后使用【渐变变形】工具▣调整填充的大小和中心位置如图 7-3 所示。

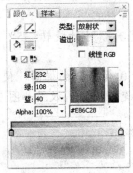

图7-2　设置填充颜色

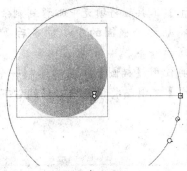

图7-3　调整填充

(3) 复制绘制的圆形，粘贴到当前位置，调整其宽高为"170 像素 × 170 像素"并与舞台居中对齐，使用【渐变变形】工具▣调整其填充中心到左上角，如图 7-4 所示。

(4) 再次执行一次粘贴操作创建第 3 个圆形，调整其宽高为"160 像素 × 160 像素"，并与舞台居中对齐，设置其填充颜色为"#FFCC00"，效果如图 7-5 所示。

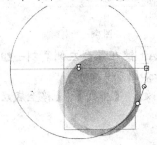

图7-4　调整填充中心

图7-5　创建第 3 个圆

(5) 使用【矩形】工具▢在舞台上方绘制一个宽高为"25 像素 × 10 像素"的矩形，设置其笔触颜色为"无"，填充颜色为"放射状"，调色器中的设置与步骤 2 (1) 中的设置相同。保持相同的设置，再绘制一个宽高为"8 像素 × 20 像素"的矩形。分别将两个矩形与舞台水平中齐，然后将两个矩形上下组合到一起，效果如图 7-6 所示。

图7-6　绘制并组合矩形

(6) 保持相同的笔触和填充设置，在舞台右侧绘制一个宽高为 "10 像素 × 100 像素" 的矩形，并使用【选择】工具 将矩形的顶部调整成弧形。

(7) 使用【椭圆】工具 在矩形上绘制一个宽高为 "105 像素 × 90 像素" 的椭圆对象，利用【选择】工具 双击椭圆对象进入其内部，选择下半部分椭圆删除，利用【渐变变形】工具 将填充中心移到剩余部分的中心。

(8) 将矩形与椭圆的中心对齐后，组合在一起，然后将其顺时针旋转 35°，如图 7-7 所示。

(9) 再使用【椭圆】工具 绘制一个宽高为 "80 像素 × 50 像素" 的椭圆，使用【渐变变形】工具 将填充中心移到右下角。然后将其顺时针旋转 45°，效果如图 7-8 所示。

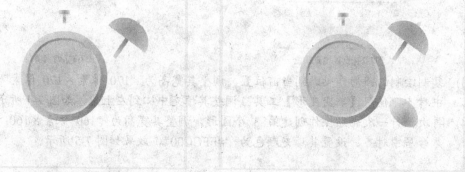

图7-7 绘制矩形与半椭圆　　　　　　　　　　　图7-8 绘制椭圆

(10) 利用【选择】工具 同时选择右侧的两个对象，按 Alt 键在舞台左侧复制一组图形，然后选择【修改】/【变形】/【水平翻转】菜单命令，如图 7-9 所示。

(11) 同时选择圆形外壳周围的 5 个元素，然后选择【修改】/【排列】/【移至底层】菜单命令，最后调整各元素的位置如图 7-10 所示。

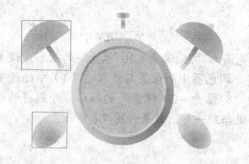 

图7-9 复制并翻转　　　　　　　　　　　图7-10 调整层和位置

3. 制作阴影效果。

(1) 选择 "阴影" 层，使用【椭圆】工具 绘制一个宽高为 "265 像素 × 40 像素" 的椭圆，在【颜色】面板中设置笔触颜色为 "无"，填充颜色为 "放射状"，左侧色块颜色为 "#666666"，右侧色块颜色为 "#666666" 且其【Alpha】值为 0%，如图 7-11 所示。

(2) 使用【渐变变形】工具 调整其填充形状，并调整椭圆的位置，效果如图 7-12 所示。

图7-11　设置填充颜色

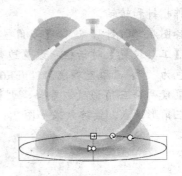

图7-12　调整填充形状和椭圆位置

4.　制作表盘元素。

(1)　选择图层"表盘"，选择【直线】工具 ，设置笔触高度为"1"，按住 Shift 键绘制一条水平直线，利用【对齐】面板将其与舞台居中对齐，然后打开【变形】面板，将旋转角度设为"6 度"，单击 按钮复制并应用变形，复制出一圈刻度线，如图7-13 所示。

(2)　选择【椭圆】工具 ，将填充设为"无"，绘制出两个直径分别为"155"和"145"的圆形并与舞台居中对齐，效果如图 7-14 所示。

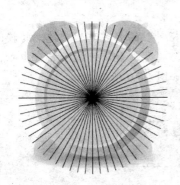

图7-13　复制刻度线

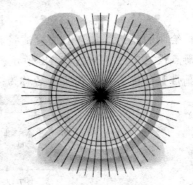

图7-14　绘制圆

(3)　选择该图层的所有直线和圆，按 Ctrl + B 快捷键将其分离，然后选择周围和内部的直线段以及圆周线段删除，最终剩下时钟的刻度线。选择整点方向的刻度线，将其笔触高度设为"4"，如图 7-15 所示。

(4)　选择【文本】工具 T ，设置字体为"Arial"，大小为"18"，颜色为"黑色"，在舞台中分别输入数字"1"到"12"并调整其位置，效果如图 7-16 所示。

图7-15　删除多余线段

图7-16　加入数字

5. 制作指针和转轴。

(1) 选择图层"时针",选择【多角星形】工具 ◯,在【属性】面板中单击 选项... 按钮,打开【工具设置】对话框,设置边数为"3",绘制一个宽为"6.5"的三角形,设置笔触颜色为"无",填充颜色为"#FF6666",然后复制、粘贴到当前位置并水平翻转,调整位置使两个三角形底边重合,调整复制后的三角形的填充颜色为"#FF9900",最后调整三角形顶点,最终效果如图 7-17 所示。

图7-17 绘制指针

(2) 选择绘制的指针,按 F8 快捷键将其转换为名为"指针"的影片剪辑元件,转换时将其注册点设在下方,如图 7-18 所示。调整指针位置,将元件最下端位于表盘中心,并在【属性】面板中设置其实例名称为"hand_hour",如图 7-19 所示。

图7-18 转换元件并设置注册点

图7-19 设置元件实例名称

(3) 复制"指针"元件,选择图层"分针",将元件粘贴到当前位置,然后适当增加其长度并减小其宽度,调整过程中保证元件最下端位于表盘中心。最后设置元件的实例名称为"hand_minute"。

(4) 选择"秒针"层,选择【直线】工具 ╲,从表盘中心向上绘制一条直线,设置直线颜色为"红色",笔触高度为"2"。按 F8 快捷键将其转换为名为"秒针"的影片剪辑元件,同样设置注册点位于下方。最后设置其实例名称为"hand_second"。最后效果如图 7-20 所示。

(5) 选择图层"转轴",选择【椭圆】工具 ◯ 绘制一个宽高为"10 像素×10 像素"的圆形,设置其笔触颜色为"无",填充颜色为"#FF9900"并与舞台居中对齐。再绘制一个宽高为"4 像素×4 像素"的圆，设置其填充颜色为"白色"并与舞台居中，完成转轴绘制，如图 7-21 所示。

图7-20　完成指针制作　　　　　　　　　　　图7-21　绘制转轴

6.　绘制玻璃罩。

(1)　选择图层"玻璃罩"，使用【椭圆】工具◎在舞台中绘制一个宽高为"165 像素×165 像素"的圆，在【颜色】面板中设置其笔触颜色为"无"，填充颜色为"放射状"，从左至右第 1 个色块颜色为"白色"且其【Alpha】值为 0%，第 2 个色块颜色为"白色"且其【Alpha】值为 60%，如图 7-22 所示。

(2)　利用【对齐】面板将圆与舞台居中对齐，利用【渐变变形】工具圖调整其填充中心和大小，如图 7-23 所示。

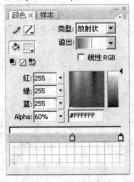

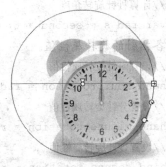

图7-22　设置填充颜色　　　　　　　　　　　图7-23　调整填充中心和大小

(3)　复制圆并粘贴到当前位置，调整其宽高为"150 像素×150 像素"并与舞台居中对齐，在【颜色】面板中将第 1 个色块向右移动一点位置，如图 7-24 所示。使用【渐变变形】工具圖调整填充中心和大小，如图 7-25 所示。

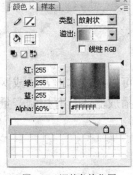

图7-24　调整色块位置　　　　　　　　　　　图7-25　调整填充中心和大小

(4) 最后同时选中两个圆，按 Ctrl + B 快捷键将其分离，使两圆组合到一起形成玻璃罩。

7. 输入控制代码。

(1) 选择图层 "AS3.0" 第 1 帧，按 F9 快捷键打开【动作】面板，在此输入控制代码。

(2) 初始化变量并得到当前时间。

```
//初始化时间对象，用于存储当前时间
var now:Date = new Date();
//获取当前时间的小时数值
var hour:Number=now.getHours();
//获取当前时间的分钟数值
var minute:Number=now.getMinutes();
//获取当前时间的秒数值
var second:Number=now.getSeconds();
```

(3) 计算各指针的旋转角度。

```
//计算时针旋转角度
var rad_h = hour % 12 * 30 + int(minute / 2);
//计算分针旋转角度
var rad_m = minute * 6 + int(second / 10);
//计算秒针旋转角度
var rad_s = second * 6;
```

(4) 设置各指针的旋转属性值。

```
//设置时针旋转属性值
hand_hour.rotation = rad_h;
//设置分针旋转属性值
hand_minute.rotation = rad_m;
//设置秒针旋转属性值
hand_second.rotation = rad_s;
```

8. 最后在所有图层的第 2 帧插入帧，保存并测试影片，一个精美的时钟制作完成。

【案例小结】

通过本案例的学习，除了掌握一个时钟的制作步骤，还可了解一些制作技巧，如阴影的绘制、表盘刻度线的制作、玻璃效果的制作等。通过控制代码可以掌握对象的初始化、方法的调用、实例属性值的设置等。

7.3.3 典型案例 2——时尚 MP3

本案例将制作一款具有时尚外观的 MP3 播放器，用它可以播放本地音乐或网络歌曲，播放过程中将显示音乐的加载进度和播放进度，此款 MP3 播放器还具有控制音量的大小、暂停或重新播放音乐、选择上一首或下一首音乐等功能。

【设计思路】

- 设计外壳。
- 制作倒影。

- 设计按钮及界面元素。
- 添加控制代码。

【设计效果】

创建如图 7-26 所示效果。

图7-26 最终设计效果

【操作步骤】

1. 创建图层。
(1) 新建一个 Flash 文档，文档属性使用默认参数。
(2) 创建 8 个图层，从上到下依次重命名为 "AS3.0"、"播放进度"、"加载进度"、"控制按钮"、"屏幕圆盘"、"光影效果"、"外壳"、"倒影"。
2. 设计 MP3 外壳。
(1) 选择图层 "外壳"，使用【基本矩形】工具 □ 绘制一个宽高为 "178 像素×247 像素" 的矩形，在【属性】面板中设置其 "圆角" 参数为 "19"，其属性设置如图 7-27 所示。

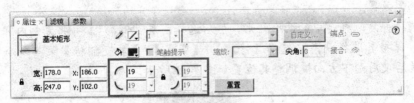

图7-27 设置圆角参数

(2) 【颜色】面板中，设置矩形笔触颜色为 "无"，填充颜色类型为 "线性"，从左至右第 1 个色块颜色为 "#1E2128"，第 2 个色块颜色为 "黑色"，如图 7-28 所示。
(3) 使用【渐变变形】工具 □ 调整填充方向和位置，如图 7-29 所示。然后选择【选择】工具 □ 双击矩形将其转换为 "绘制对象"。最后利用【对齐】面板将矩形与舞台水平中齐，以方便后面各组成元素的摆放。

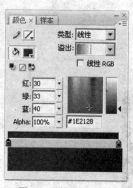

图7-28 设置填充颜色

图7-29 调整填充方向和位置

3. 设计外壳光影效果。

复制已绘制的矩形，然后选择"光影效果"层，将矩形粘贴到当前位置，调整其填充颜色如图 7-30 所示。在【颜色】面板中设置从左至右第 1 个色块和第 4 个色块颜色为"白色"且其【Alpha】值为 40%，第 2 个色块和第 3 个色块颜色为"白色"且其【Alpha】值为 0%。

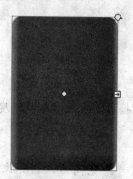

填充效果

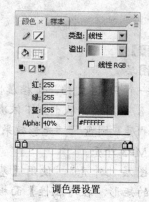

调色器设置

图7-30 设计光影效果

4. 设计倒影效果。

(1) 同时选择并复制舞台中的两个矩形，然后选择图层"倒影"，并将复制内容粘贴到当前位置，保持其选择状态，选择【修改】/【变形】/【垂直翻转】菜单命令将其上下翻转，最后使用向下方向键调整其位置如图 7-31 所示。

图7-31 调整方向和位置

(2) 利用【矩形】工具□绘制一个笔触为"无"，填充颜色类型为"线性"的矩形，覆盖在倒影上，调整渐变位置和方向如图 7-32 所示。在【颜色】面板中设置从左至右第 1 个色块颜色为"白色"且其【Alpha】值为 0%，第 2 个色块颜色为"白色"，如图 7-33 所示。

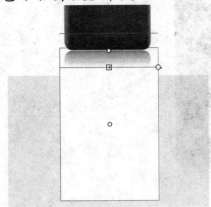

图7-32　绘制矩形

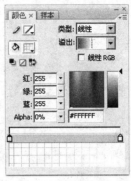

图7-33　调整填充颜色

5. 设计屏幕和按钮圆盘。

(1) 选择图层"屏幕圆盘"，使用【基本矩形】工具□绘制一个宽高为"150 像素×65 像素"的矩形，其圆角为"6"，在【颜色】面板中设置笔触颜色为"#CCCCCC"，笔触高度为"1"，填充颜色类型为"线性"，从左至右第 1 个色块颜色为"#0273E3"，第 2 个色块颜色为"#1C8CFD"，如图 7-34 所示。最后调整其填充方向和矩形位置如图 7-35 所示。

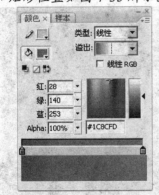

图7-34　调整填充颜色

图7-35　调整方向和位置

(2) 使用【基本椭圆】工具○绘制一个宽高均为"110 像素"的圆形，在【属性】面板中设置其填充颜色为"#32353A"，内径参数为"37"，其属性设置如图 7-36 所示。

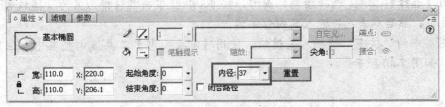

图7-36　设置内径参数

(3) 利用【选择】工具 分别双击绘制的矩形和圆形，将其转换为"绘制对象"。最后效果如图 7-37 所示。

图7-37　设计效果

6. 制作控制按钮。

(1) 选择图层"控制按钮"，使用【椭圆】工具 在按钮圆盘中心绘制一个与圆盘内圆大小相同的圆形，在【颜色】面板中设置其笔触颜色为"无"，填充颜色类型为"放射状"，从左至右第 1 个色块颜色为"#666666"，第 2 个色块颜色为"#1C1E20"，如图 7-38 所示。然后使用【渐变变形】工具 调整其中心位置到左上角，效果如图 7-39 所示。

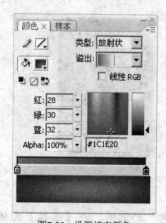

图7-38　设置填充颜色

图7-39　调整中心位置

(2) 利用【选择】工具 选择绘制的圆形，按 F8 快捷键将其转换为名为"播放暂停"的按钮元件，然后双击元件进入其内部编辑。

(3) 在图层中的"按下"帧插入关键帧，使用【渐变变形】工具 调整其中心位置到右下角，如图 7-40 所示。

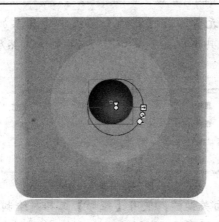

图7-40　调整中心位置

(4) 新建 "图层 2"，使用【多角星形】工具和【矩形】工具绘制出播放暂停的图形，其笔触为 "无"，填充颜色为 "白色"，如图 7-41 所示。

图7-41　绘制播放暂停图形

(5) 选择绘制的图形，按 F8 快捷键将其转换为影片剪辑元件，名称使用默认，然后分别在 "图层 2" 的 "指针经过" 和 "按下" 帧插入关键帧，选择 "指针经过" 帧中的元件，在【属性】面板中设置其颜色参数如图 7-42 所示。在【滤镜】面板中添加一个发光特效，设置发光颜色为 "#9900CC"，设置其他参数如图 7-43 所示。

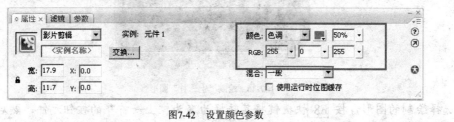

图7-42　设置颜色参数

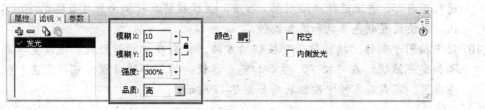

图7-43　添加发光滤镜

(6) 选择"按下"帧中的元件,在【滤镜】面板中为其添加一个发光特效,设置发光颜色为"#9900CC",具体设置参数如图 7-44 所示。然后将元件向右下角移动一点位置。

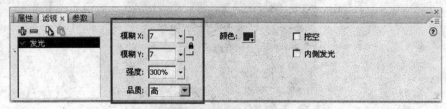

图7-44　添加发光滤镜

(7) 在"点击"帧插入空白关键帧,使用【矩形】工具□绘制一个鼠标感应区,完成后各帧中的按钮状态如图 7-45 所示。

"弹起"帧

"指针经过"帧

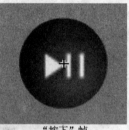
"按下"帧

"点击"帧

图7-45　各帧按钮状态

(8) 返回主场景,使用绘图工具在按钮圆盘左侧绘制出"上一首"按钮的图形,如图 7-46 所示。

图7-46　绘制"上一首"图形

(9) 选择绘制的图形,按 F8 快捷键将其转换为名为"上一首"的按钮元件,然后双击元件进入其内部,再次选择所绘图形,按 F8 快捷键将其转换为影片剪辑元件,名称使用默认,以便设置颜色参数和添加滤镜。

(10) 使用相同于制作"播放暂停"按钮的方法,分别在"指针经过"帧设置其颜色参数并添加发光滤镜;在"按下"帧添加发光滤镜,但不移动位置;在"点击"帧绘制鼠标感应区。完成后各帧中按钮状态如图 7-47 所示。

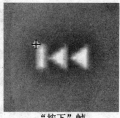

"弹起"帧　　　　　"指针经过"帧　　　　　"按下"帧　　　　　"点击"帧

图7-47　各帧按钮状态

(11) 返回主场景，使用同样的方法可制作"加音量"按钮和"减音量"按钮，并将"上一首"按钮复制一个再左右翻转后放于按钮圆盘右侧。最后的设计效果如图7-48 所示。

图7-48　加入按钮后效果

7.　设计屏幕元素。

(1) 选择图层"加载进度"，使用【矩形】工具　在屏幕中绘制一个宽高为"130 像素 × 5 像素"的矩形，设置其笔触颜色和填充颜色都为"白色"，笔触高度为"1"，如图 7-49 所示。然后选择里面的填充，按 F8 快捷键将其转换为名为"加载进度"的影片剪辑元件，转换时将其注册点设在左侧，如图 7-50 所示。

图7-49　绘制矩形

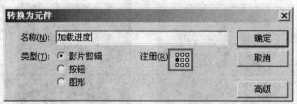

图7-50　转换元件并设置注册点

(2) 复制"加载进度"元件，选择"播放进度"层，将其粘贴到当前位置，按 Ctrl + B 快捷键将其分离成图形，再按 F8 快捷键将其转换为名为"播放进度"的影片剪辑元件，同样将其注册点设在左侧。

(3) 双击"播放进度"元件进入其内部，在【颜色】面板中设置填充颜色为"线性"，从左至右第 1、3、5 色块颜色为"#FF00FF"，第 2、4 色块颜色为"#FD92FE"，如图 7-51 所示。然后使用【渐变变形】工具 调整填充方向为从上到下填充，如图 7-52 所示。

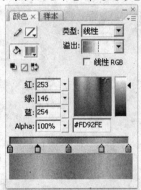

图7-51　设置填充颜色

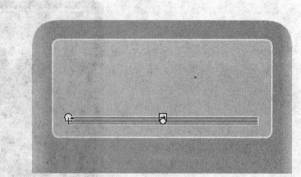

图7-52　调整填充方向

(4) 返回主场景，使用【文本】工具 T，将文本类型设为"动态文本"，分别在屏幕的顶部和右下角添加一个文本框，如图 7-53 所示。设置顶部文本框的字体为"黑体"，大小为"18"，颜色为"#E200A7"并加粗。设置右下角文本框的字体为"Arial"，大小为"12"，颜色为"白色"。

图7-53　添加文本框

8. 为元件添加实例名称。

(1) 选择"播放暂停"按钮元件，在【属性】面板中设置其实例名称为"play_pause_btn"，如图 7-54 所示。

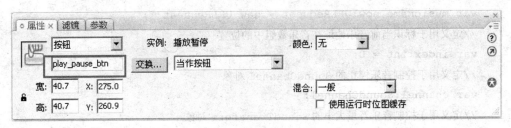

图7-54　设置元件实例名称

(2) 使用同样的方法设置其他元件的实例名，如图 7-55 所示。

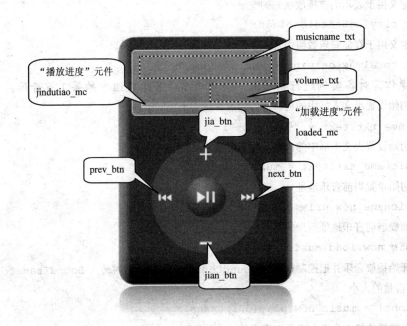

图7-55　各元件实例名称

> **要点提示** 设置实例名时，由于"播放进度"元件和"加载进度"元件重合在一起不便选择，所以应使用图层的锁定和隐藏功能选择正确的元件进行实例名的设置。

9. 输入控制代码。

(1) 选择图层 "AS3.0" 第 1 帧，按 F9 快捷键，打开【动作】面板，在此输入控制代码。

(2) 首先定义将要用到的变量和类的实例。

```
//定义用于存储所有音乐地址的数组，可根据需要更换或增加音乐地址
var musics:Array = new Array("music.mp3",
    "http://www.jste.net.cn/train/files_upload/undefined/J7.mp3",
    "http://www.chinasanyi.com/mp3/3.mp3");
//定义用于存储当前音乐流的 Sound 对象
var music_now:Sound = new Sound();
//定义用于存储当前音乐地址的 URLRequest 对象
```

```
var musicname_now:URLRequest = new URLRequest();
//定义用于标识当前音乐地址在音乐数组中的位置
var index:int = 0;
//定义用于控制音乐停止的 SoundChannel 对象
var channel:SoundChannel;
//定义用于控制音乐音量大小的 SoundTransform 对象
var trans:SoundTransform = new SoundTransform();
//定义用于存储当前播放位置的变量
var pausePosition:int =0;
//定义用于表示当前播放状态的变量
var playingState:Boolean;
//定义用于存储音乐数组中音乐个数的变量
var totalmusics:uint = musics.length;
```

(3) 初始化操作，对各实例进行初始化，并开始播放音乐数组中的第 1 首音乐。

```
//初始设置小文本框中的内容，即当前音量大小
volume_txt.text = "音量:100%";
//初始设置大文本框中的内容，即当前音乐地址
musicname_txt.text = musics[index];
//初始设置当前音乐地址
musicname_now.url=musics[index];
//加载当前音乐地址所指的音乐
music_now.load(musicname_now);
//开始播放音乐并把控制权交给 SoundChannel 对象，同时传入 SoundTransform 对象用于
控制音乐音量的大小
channel = music_now.play(0,1,trans);
//设置播放状态为真，表示正在播放
playingState = true;
```

(4) 播放过程中设置"加载进度"元件和"播放进度"元件的宽度，用于表示当前音乐的
加载进度和播放进度。

```
//添加 EnterFrame 事件，控制每隔"1/帧频"时间检测一次相关进度
addEventListener(Event.ENTER_FRAME, onEnterFrame);
//定义 EnterFrame 事件的响应函数
function onEnterFrame(e)
{
//得到当前音乐已加载部分的比例
var loadedLength:Number= music_now.bytesLoaded / music_now.bytesTotal;
//根据已加载比例设置"加载进度"元件的宽度
loaded_mc.width = 130 * loadedLength;
//计算当前音乐的总时间长度
var estimatedLength:int = Math.ceil(music_now.length / loadedLength);
```

```
//根据当前播放位置在总时间长度中的比例设置"播放进度"元件的宽度
jindutiao_mc.width = 130*(channel.position / estimatedLength);
}
```

(5) 添加"播放暂停"按钮上的控制代码。

```
//为"播放暂停"按钮添加鼠标单击事件
play_pause_btn.addEventListener(MouseEvent.CLICK,onPlaypause);
//定义"播放暂停"按钮上的单击响应函数
function onPlaypause(e)
{
//判断是否处于播放状态
if (playingState)
{
//为真，表示正在播放
//存储当前播放位置
pausePosition = channel.position;
//停止播放
channel.stop();
//设置播放状态为假
playingState= false;
} else
{
//不为真，表示已暂停播放
//从存储的播放位置开始播放音乐
channel = music_now.play(pausePosition,1,trans);
//重新设置播放状态为真
playingState=true;
}
}
```

(6) 添加选择播放上一首音乐的代码。

```
//为按钮添加事件
prev_btn.addEventListener(MouseEvent.CLICK,onPrev);
//定义事件响应函数
function onPrev(e)
{
//停止当前音乐的播放
channel.stop();
//计算当前音乐的上一首音乐的序号
index += totalmusics -1;
index = index % totalmusics;
//重新初始化 Sound 对象
```

```
music_now = new Sound();
//重新设置当前音乐地址
musicname_now.url=musics[index];
//重新设置大文本框中的内容
musicname_txt.text = musics[index];
//加载音乐
music_now.load(musicname_now);
//播放音乐
channel = music_now.play(0,1,trans);
//设置播放状态为真
playingState = true;
}
```

(7) 添加选择播放下一首音乐的代码。

```
next_btn.addEventListener(MouseEvent.CLICK,onNext);
function onNext(e)
{
channel.stop();
index++;
index = index % totalmusics;
music_now = new Sound();
musicname_now.url=musics[index];
musicname_txt.text = musics[index];
music_now.load(musicname_now);
channel = music_now.play(0,1,trans);
playingState = true;
}
```

(8) 添加增加音量的控制代码。

```
jia_btn.addEventListener(MouseEvent.CLICK,onJia);
function onJia(e)
{
//将音量增加 0.05，即5%
trans.volume +=0.05;
//控制音量最大为 3，即300%
if (trans.volume>3)
{
    trans.volume = 3;
}
//传入参数使设置生效
channel.soundTransform = trans;
//重新设置小文本框中的内容，即当前音量大小
```

```
volume_txt.text = "音量:"+Math.round(trans.volume*100)+"%";
}
```

(9)　添加降低音量的控制代码。

```
jian_btn.addEventListener(MouseEvent.CLICK,onJian);
function onJian(e)
{
trans.volume -= 0.05;
if (trans.volume<0)
{
    trans.volume = 0;
}
channel.soundTransform = trans;
volume_txt.text = "音量:"+Math.round(trans.volume*100)+"%";
}
```

10.　保存 Flash 文件，复制一个 mp3 文件到 Flash 原文件的保存位置，并重命名为 "music.mp3"，然后测试影片，一个具有时尚外观的 MP3 播放器就制作完成，用它便可以播放喜爱的本地音乐或网络歌曲。

【案例小结】

通过本案例的学习，不但可以学会一个时尚 MP3 播放器的制作，而且可以学到一些常见立体特效的制作方法，如边缘光影效果、立体倒影效果等。通过控制代码可以学到对声音的控制方法，以及控制加载进度、播放进度等的方法。

7.4　综合实例——记忆游戏

记忆游戏的原理是利用一个人的记忆力，记住翻开卡片的图案，然后找出与之图案相同的卡片以消除。在此实例的制作过程中，将会展示 ActionScript 3.0 面向对象的编程思想，所有的操作封装到一个类中，并以文件的形式保存在外部。这样不但可以在扩展类的功能方面更加方便，而且可以使整个程序的运行逻辑更加清晰。

【设计思路】

- 设计背景。
- 设计界面元素。
- 添加控制代码。

【设计效果】

创建图 7-56 所示效果。

【操作步骤】

1.　创建图层。

(1)　新建一个 Flash 文档，设置帧频为 "60"，其他文档属性使用默认参数。

(2)　新建 2 个图层，从上到下依次重命名为 "AS3.0" 层、"元素" 层和 "背景" 层。

2.　制作背景。

(1) 选择图层"背景",选择菜单【文件】/【导入】/【导入到舞台】菜单命令,将教学资源包中的"素材\第七章\记忆游戏\记忆游戏背景.jpg"文件导入,设置其宽高为"550像素×400像素"并与舞台居中对齐。

(2) 使用【基本矩形】工具▣绘制一个宽高都为"326像素"的矩形,设置其笔触颜色为"#666666",笔触高度为"3",填充颜色为"无",圆角参数为"10",位置坐标 x、y 分别为"112"、"52",如图7-57所示。

图7-56　最终设计结果

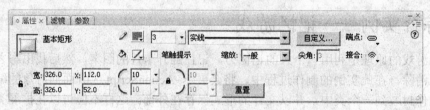

图7-57　设置矩形参数

(3) 同时选中背景图片和矩形,按 Ctrl + B 快捷键将其分离,然后单独选择矩形框内部的图片区域,按 F8 快捷键将其转换为影片剪辑元件。打开【属性】面板,在【颜色】下拉列表中选择【Alpha】选项并设置其值为"15%"。设置完成后舞台效果如图 7-58所示。

图7-58　舞台效果

3. 添加界面元素。

(1) 选择【文件】/【导入】/【打开外部库】菜单命令，将教学资源包中的"素材\第七章\记忆游戏\记忆游戏素材库.fla"文件打开，按住 Ctrl 键同时选择"Click.mp3"、"Match.mp3"、"卡片"、"开始"、"重来一次"5 个素材并拖曳到【库】中。

> 要点提示　其中"Click.mp3"和"Match.mp3"分别为翻转卡片和消除卡片时播放的声音；"卡片"为游戏中使用的卡片，它有 2 个图层"背景"和"图案"，在图层"图案"的每个关键帧上都有一个不同的图案，共 18 个图案；"开始"和"重来一次"分别用做开始和结束时的按钮。

(2) 选择图层"元素"第 1 帧，将元件"开始"拖曳到舞台，放置在矩形框下侧并左右居中对齐。然后在【属性】面板中设置其实例名称为"play_btn"。

(3) 使用【文本】工具 T 在舞台中分别写上游戏说明标题和说明文字并左右居中到舞台。可根据个人喜好设置文字属性，完成后效果如图 7-59 所示。

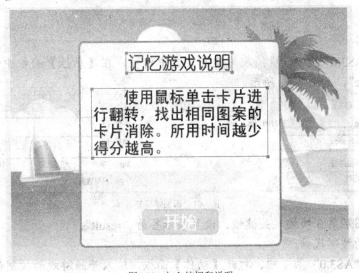

图7-59　加入按钮和说明

(4) 在图层"元素"的第 2 帧插入空白关键帧，新建一个影片剪辑元件，并命名为"游戏主体对象"，单击 确定 按钮进入元件内部进行编辑。

(5) 选择【文本】工具 T，文本类型选择"动态文本"，单击舞台放入一个文本框，利用【选择】工具 ▶ 选中文本框，在【属性】面板中设置其字体为"Times New Roman"，字体大小为"25"，颜色为"#0033CC"，加粗并选择"居中对齐 ☰"。然后调整其宽为"200"，位置坐标 x、y 分别为"175"、"10"。最后设置其实例名称为"gameTime_txt"。

(6) 返回主场景，将元件"游戏主体对象"拖曳到舞台并调整其位置坐标 x、y 都为"0"。

(7) 在图层"背景"第 3 帧插入帧，在图层"元素"第 3 帧插入空白关键帧，将元件"重来一次"拖曳到舞台，放置在矩形框下侧并左右居中对齐。然后在【属性】面板中设置其实例名称为"playAgain_btn"。

(8) 利用【文本】工具 T 在舞台中设置一个文本框，在【属性】面板中设置其字体大小为"40"，其他属性保持先前设置。然后调整其宽为"300 像素"，位置坐标 x、y 都为"125"，最后设置其实例名称为"showscore"。完成后效果如图 7-60 所示。

图7-60　加入按钮和动态文本框

4.　添加帧标签。

(1)　在图层"AS3.0"第 2 帧插入关键帧，选中该帧，在【属性】面板中设置其帧标签为"playgame"，如图 7-61 所示。

图7-61　添加帧标签

(2)　同样在该图层第 3 帧插入关键帧，设置帧标签为"result"。

5.　添加帧上的控制代码。

(1)　选中图层"AS3.0"第 1 帧，打开【动作】面板，输入开始游戏的控制代码。

```
var gameScore:String="";//定义用于储存游戏结果的变量
play_btn.buttonMode = true;//设置为真，以便鼠标放在"开始"元件上时显示为手形
play_btn.addEventListener(MouseEvent.CLICK,startGame);//添加事件
//事件响应函数
function startGame(event:MouseEvent)
{
gotoAndStop("playgame");//跳转到"playgame"帧，即第 2 帧
}
stop();//在该帧停止，以便接收用户的单击事件
stop();  //在该帧停止，以便接收用户的单击事件
```

(2)　选中图层"AS3.0"第 3 帧，在【动作】面板中输入游戏结束时的控制代码。

```
showScore.text = gameScore;//显示游戏结果
playAgain_btn.buttonMode = true;
playAgain_btn.addEventListener(MouseEvent.CLICK,playAgain);//添加事件
//事件响应函数
```

```
function playAgain(event:MouseEvent)
{
gotoAndStop("playgame");//返回"playgame"帧
}
```

6. 添加"卡片"元件动画代码。

(1) 保存该 Flash 文件，并记住原文件的保存位置。打开【库】面板，用鼠标右键单击
"卡片"元件，选择【链接】命令，在打开的【链接属性】对话框中勾选"为
ActionScript 导出"复选钮，同时"在第一帧导出"复选钮也被勾选，然后在"类"
后输入类名"Card"，具体设置如图 7-62 所示。

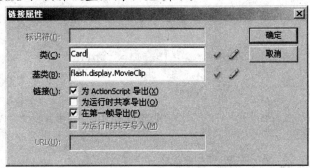

图7-62　设置链接属性

(2) 单击 确定 按钮，若弹出提示对话框，也同样单击 确定 按钮使设置生效。

(3) 选择【文件】/【新建】菜单命令，选择"ActionScript 文件"，单击 确定 按钮新建一
个代码文件，在这里输入代码用于扩展"Card"类的功能。

```
package  //声明包
{
import flash.display.*; //导入显示包中所有类
import flash.events.*; //导入事件包中所有类

public dynamic class Card extends MovieClip //定义 Card 类
{
    private var flipStep:uint; //用于储存翻转步数
    private var isFlipping:Boolean = false; //用于储存翻转状态
    private var flipToFrame:uint; //用于储存卡片翻转完成后显示的帧

    // 方法"开始翻转"，需要传入翻转完成后显示帧的数值
    public function startFlip(flipToWhichFrame:uint)
    {
        isFlipping = true;  //设置翻转状态
        flipStep = 10;  //设置翻转步数
        flipToFrame = flipToWhichFrame;  //设置翻转完成后显示的帧
        //添加事件，以执行翻转动画
        this.addEventListener(Event.ENTER_FRAME, flip);
```

```
                }

        public function flip(event:Event)  //翻转动画
        {
            flipStep--;  //每执行一次，翻转步数减1
            if (flipStep > 5)  //前一半时间，卡片先变小
            {
                this.scaleX = .20*(flipStep-6);
            }
            else  //后一半时间，卡片再变大
            {
                this.scaleX = .20*(5-flipStep);
            }

            if (flipStep == 5)  //在翻转过程的中间将卡片设为完成翻转后要显示的帧
            {
                gotoAndStop(flipToFrame);
            }

            if (flipStep == 0)  //翻转完成，设置翻转状态并移除事件
            {
                isFlipping = false;
                this.removeEventListener(Event.ENTER_FRAME, flip);
            }
        }
    }
}
```

(4) 保存该代码文件到 Flash 原文件所在的目录，并设置其文件名必须为类的名称 "Card"。

7. 添加游戏主体控制代码。

(1) 在【库】面板中，右键单击 "Click.mp3" 选择【链接】命令，在【链接属性】对话框中勾选 "为 ActionScript 导出" 复选钮，然后设置其类名为 "ClickSound"。

(2) 使用同样的方法，设置 "Match.mp3" 的类名为 "MatchSound"；设置元件 "游戏主体对象" 的类名为 "MemoryGameObject"。

(3) 新建一个代码文件并以 "MemoryGameObject" 为文件名保存到 Flash 原文件所在目录。在这里输入游戏主体的控制代码。

```
package  //声明包
{
    //导入将要用到的系统包和类
    import flash.display.*;
```

```actionscript
import flash.events.*;
import flash.text.*;
import flash.utils.getTimer;
import flash.utils.Timer;
import flash.media.Sound;
import flash.media.SoundChannel;


//类的定义
public class MemoryGameObject extends MovieClip
{
//定义初始化时用到的常量
private static const boardWidth:uint = 6;  //卡片横向数量
private static const boardHeight:uint = 6;  //卡片纵向数量
//卡片横向所占空间
private static const cardHorizontalSpacing:Number = 52;
private static const cardVerticalSpacing:Number = 52; //卡片纵向所占空间
private static const boardOffsetX:Number = 145;  //摆放图片起始 X 位置
private static const boardOffsetY:Number = 85;  //摆放图片起始 Y 位置


//定义程序运行时用到的变量
private var firstCard:Card;  //第 1 张被单击卡片的指针
private var secondCard:Card;   //第 2 张被单击卡片的指针
private var cardsLeft:uint;    //剩余卡片的数量
private var gameStartTime:uint;  //游戏开始时刻
private var gameTime:uint;  //游戏已用时间
private var leftTime:uint;   //游戏剩余时间


//初始化声音对象
var clicking:ClickSound = new ClickSound();  //单击卡片时的声音
var matching:MatchSound = new MatchSound();   //两卡片相同并消失时的声音


//类的初始化函数
public function MemoryGameObject():void
{
//初始化卡片序号
var cardlist:Array = new Array();  //储存卡片序号的数组
for (var i:uint=0; i<boardWidth*boardHeight/2; i++)  //存入卡片序号
{
    cardlist.push(i);
    cardlist.push(i);
```

```
    }
    //摆放卡片
    cardsLeft = 0;  //舞台中现有（剩余）卡片数量，初始为 0
    for (var x:uint=0; x<boardWidth; x++)  //横向循环
    {
        for (var y:uint=0; y<boardHeight; y++)  //纵向循环
        {
            var c:Card = new Card();  //生成一个 Card 类的实例
            c.stop();  //使其停在第 1 帧
            c.x = x*cardHorizontalSpacing+boardOffsetX;  //摆放位置 X
            c.y = y*cardVerticalSpacing+boardOffsetY;  //摆放位置 Y
            //计算得到 0 至卡片个数之间一个随机值
            var r:uint = Math.floor(Math.random()*cardlist.length);
            //将随机值所指卡片序号存于卡片的 cardface 属性中
            c.cardface = cardlist[r];
            cardlist.splice(r,1);  //从卡片序号数组删除已分配的序号
            //添加卡片上的单击事件
            c.addEventListener(MouseEvent.CLICK,clickCard);
            c.buttonMode = true;  //设置鼠标位于卡片上时显示为手形
            addChild(c);  //将卡片添加到舞台
            cardsLeft++;  //舞台中现有（剩余）卡片数量加 1
        }
    }
    gameStartTime = getTimer();  //得到游戏开始时刻
    gameTime = 0;  //初始设置游戏已用时间
    //添加 EnterFrame 事件，用于循环改变游戏时间
    addEventListener(Event.ENTER_FRAME,showTime);
}
//单击卡片的响应函数
public function clickCard(event:MouseEvent)
{
    var thisCard:Card = (event.target as Card);  //得到当前被单击的卡片
    //以下为游戏的判断逻辑
    if (firstCard == null)  //当第 1 张卡片指针为空时
    {
        firstCard = thisCard;  //第 1 张卡片指针指示当前被单击卡片
        thisCard.startFlip(thisCard.cardface+2);  //对当前单击的卡片进行翻转
        playSound(clicking);  //播放单击声音
    }
    else
```

```
        if (firstCard == thisCard) //若当前单击的正是第1指针所指卡片
        {
            firstCard.startFlip(thisCard.cardface+2);  //进行翻转
            if (secondCard != null) //第2张卡片指针不为空
            {
                secondCard.startFlip(1); //将其翻转到背面
                    secondCard = null; //设置指针为空
            }
            playSound(clicking); //播放单击声音
        }
        else if (thisCard.cardface == firstCard.cardface) //两卡片相同
        {
            if (secondCard != null) //若第2指针不为空
            {
                secondCard.startFlip(1); //将其翻转到背面
            }
            playSound(matching); //播放消失声音
            removeChild(firstCard); //清除第1指针所指卡片
            removeChild(thisCard); //清除当前单击卡片
            firstCard = null; //设置第1指针为空
            secondCard = null; //设置第2指针为空
            cardsLeft -= 2; //舞台现有（剩余）卡片数量减2
            if (cardsLeft == 0) //若现有（剩余）卡片数量为0
            {
                //移除 EnterFrame 事件停止计时
                removeEventListener(Event.ENTER_FRAME,showTime);
                //根据所剩时间确定并设置得分
                MovieClip(root).gameScore = "得分："+leftTime;
                //跳转到显示结果帧
                MovieClip(root).gotoAndStop("result");
            }
        }
        else if (secondCard == null) //第2指针为空
        {
            thisCard.startFlip(thisCard.cardface+2); //翻转当前单击卡片
            secondCard = firstCard; //第2指针指示第1指针所指卡片
            firstCard = thisCard; //第1指针指示当前单击卡片
            playSound(clicking); //播放单击声音
        }
```

```
    else if (thisCard == secondCard)  //当前单击的为第 2 指针所指卡片
    {
        thisCard.startFlip(thisCard.cardface+2); //翻转当前单击卡片
        firstCard.startFlip(1); //第 1 指针所指卡片翻转到背面
        firstCard = thisCard; //第 1 指针指示当前单击卡片
        secondCard = null; //第 2 指针设置为空
        playSound(clicking); //播放单击声音
    }
    else  //除以上情况，则已有 2 张卡片翻转开，现单击第 3 张未翻转的
    {
        firstCard.startFlip(1); //第 1 指针所指卡片翻转到背面
        secondCard.startFlip(1); //第 2 指针所指卡片翻转到背面
        thisCard.startFlip(thisCard.cardface+2); //翻转当前单击卡片
        firstCard = thisCard; //第 1 指针指示当前单击卡片
        secondCard = null; //第 2 指针设置为空
        playSound(clicking); //播放单击声音
    }
}
}

//循环改变游戏时间的响应函数
public function showTime(event:Event)
{
    //当前时刻减去游戏开始时刻得到游戏已用时间
    gameTime = getTimer()-gameStartTime;
    //剩余时间为 120s 减已用时间
    leftTime = 120000 - gameTime;
    //在 gameTime_txt 文本框中显示剩余时间
    gameTime_txt.text = "剩余时间："+clockTime(leftTime);
    if (leftTime <= 500)  //若时间小于 0.5s
    {
        //移除 EnterFrame 事件，停止计时
        removeEventListener(Event.ENTER_FRAME,showTime);
        //将时间轴中的得分变量设为"Game Over"
        MovieClip(root).gameScore = "Game Over";
        //跳转到显示结果帧
        MovieClip(root).gotoAndStop("result");
    }
}
//将时间换算成分秒的形式
public function clockTime(ms:int)
```

```
                {
                    var seconds:int = Math.floor(ms/1000);
                    var minutes:int = Math.floor(seconds/60);
                    seconds -= minutes*60;
                    //将秒数加 100 后取后两位，可将 0~9 转换成 00~09
            var     timeString:String=minutes+":"+String(seconds+100).substr(1,2);
                    return timeString;
                }
                //播放声音
                public function playSound(soundObject:Object)
                {
                    var channel:SoundChannel = soundObject.play();
                }
            }
        }
```

8. 最后保存代码文件和 Flash 原文件并测试影片，就可以让大脑开动起来，努力记住翻开的卡片，争取用最短的时间消除掉舞台中所有的卡片。

【案例小结】

　　该实例充分展示了 ActionScript 的功能和作用，其中大部分功能和游戏逻辑都是由代码实现，而且使用了 ActionScript 3.0 面向对象的思想，通过定义和扩展类的方法使得程序逻辑更加清晰。其中需要注意的方面有以下几点。

- 外部代码文件中的类必须包含在包中。
- 扩展类时，【链接属性】中的类名、外部文件名和代码文件中的类名三者必须一致。
- 对于游戏逻辑的分析，应尽量考虑到所有可能出现的情况。
- 对于时间轴的 EnterFrame 事件，在第 2 次创建之前应先对其进行移除，否则可能造成同时有两个响应事件的副本运行，从而导致游戏逻辑出错。

小结

　　通过本章内容的学习，可以了解并掌握 ActionScript 3.0 的编程思路和代码编写的方法，为开发复杂的 Flash 应用程序奠定了基础。

　　在实例制作过程中，不但可以学会在 Flash 作品中常见特殊效果的制作方法，而且可以掌握以下常用的编程技巧和方法。

- 时间的获取及表示方法。
- 声音初始化、播放、停止、音量的控制等方法。
- 数的循环、时间的换算、随机分布一些数组元素等技巧。
- 事件的添加和使用方法。
- 类的外部扩展及使用方法。

ActionScript 的功能远比本章所介绍的要强大，若想进一步研究使用 ActionScript 3.0 开发较大的应用程序或游戏，则需要参看 ActionScript 的帮助文档或相关资料，并在实践中掌握各种内置类的使用方法。

思考与练习

1. ActionScript 3.0 有哪些特点？
2. ActionScript 3.0 编程语言的基本语法有哪些？
3. ActionScript 3.0 中如何添加和移除事件？

第8章 组件的应用

组件是 Flash 中的重要部分，它为 Flash 应用程序开发提供了较为常用的组件。使用组件可以帮助开发者将应用程序的设计过程和编码过程分开。即使完全不了解 ActionScript 3.0 的设计者也可以根据组件提供的接口来改变组件的参数，从而改变组件的相关特性，达到设计的目的。

通过组件中播放器组件的应用，可以快速地进行播放控制程序开发，即使不用任何绘图工具，也能制作出很好的播放器。

【学习目标】
- 掌握用户接口组件的使用方法。
- 掌握视频控制组件的使用方法。
- 掌握两种组件的配合使用方法。
- 了解使用组件开发的整体思路。

8.1 用户接口组件

了解应用程序开发的用户对用户接口组件一定不会陌生，大多数的应用程序开发工具都会提供此组件。虽然 Flash 开发的应用程序不能调用各种系统库函数，使用范围受限。但是使用组件开发的程序，可以在网页上满足用户的各种要求，例如开发网页上的测试系统、Falsh 播放器、购物系统等。

8.1.1 知识准备——初识用户接口组件

用户接口组件的应用范围十分广泛，操作也比较简单，被使用频率也非常高。在本节，将对其基本知识进行讲解。

一、 创建用户接口组件

(1) 选择【窗口】/【组件】菜单命令，打开【组件】面板，如图 8-1 所示。面板分为两部分：用户接口组件部分和视频控制组件部分。

(2) 把【组件】面板中的组件拖曳到场景中，即可完成组件的创建。例如将"Button"组件拖曳到场景中，如图 8-2 所示。

(3) 通过【参数】面板可以设置"Button"的【实例名称】、【label】等属性。这里设置其【实例名称】为"myButton"，【label】为"点我"，如图 8-3 所示。

用户接口组件　　　　　　　　　　　　　　　　视频控制组件

图8-1　组件对话框

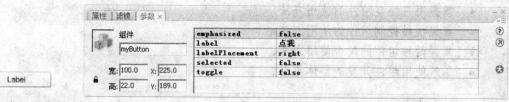

图8-2　创建按钮组件　　　　　　　　　　　　图8-3　设置按钮参数

其中【实例名称】为代码控制该按钮时所用，【label】是 "Button" 上所显示的文字。设置完成后，如图 8-4 所示。

(4)　选择时间轴上的第 1 帧输入以下代码。

```
myButton.addEventListener(MouseEvent.CLICK, clickHandler);
function clickHandler(event:MouseEvent):void {
    trace("我被点击了！");
}
```

测试影片，当单击按钮时，在【输出】窗口中显示 "我被点击了"，如图 8-5 所示。这便是一个最简单的创建组件并为其添加事件响应的效果。

图8-4　设置完成　　　　　　　　　　　　　　图8-5　提示信息

要点提示 设置组件的【实例名称】一定要在【参数】面板中设置，如果在【属性】面板中设置，在代码调用时，会出现错误。

二、 使用代码创建组件

这里使用代码实现和上一步完全相同的功能。

（1）　首先将要使用的组件拖曳到【库】面板中，这里将"Button"组件拖曳到【库】面板中，如图 8-6 所示。

图8-6　将组件拖曳到【库】面板

（2）　在第 1 帧上输入以下代码。

```
import fl.controls.Button;
//导入按钮组件
var myButton:Button = new Button();
//创建按钮实例
addChild(myButton);
//将按钮实例加载到主场景中
myButton.label = "点我";
//设置按钮上的文字
myButton.move(200,200);
//设置按钮的位置
myButton.addEventListener(MouseEvent.CLICK, clickHandler);
//为按钮添加事件监听器
function clickHandler(event:MouseEvent):void {
trace("我被点击了！");
}
//定义事件监听器的响应函数
```

（3）　测试影片，单击按钮，也会得到图 8-5 所示的提示信息。说明创建组件有两种方法。读者可以根据提供的代码和前面的操作进行对比，看看哪些操作和代码具有相同的功能。

8.1.2　典型案例——个人信息注册

在日常工作和娱乐中，在申请各种账号的时候，都需要填写各种注册信息表。Flash CS3 提供的组件可方便快捷地完成注册表的制作。

【设计思路】

- 设计表格内容。
- 使用组件布局表格。
- 使用程序完成后台控制。

【设计效果】

创建图8-7所示效果。

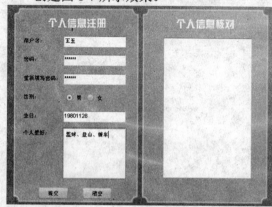
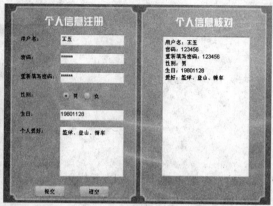

图8-7 最终设计效果

【操作步骤】

1. 背景制作。

(1) 新建一个 Flash 文档，文档属性使用默认参数。

(2) 新建 4 个图层，并从上至下依次重命名为"代码"层、"组件"层、"文字"层、"框"层和"背景"层，效果如图 8-8 所示。

(3) 选中"背景"层，选择【文件】/【导入】/【导入到舞台】菜单命令，将教学资源包中的"素材\第八章\背景 1.jpg"文件导入到舞台中，设置图片宽高为"550 像素×400 像素"并与舞台居中对齐，此时的舞台效果如图 8-9 所示。

图8-8 新建图层

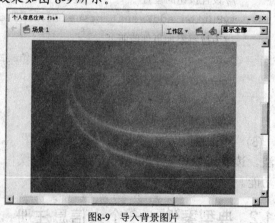

图8-9 导入背景图片

2. 制作背景框。

(1) 为了作图方便，将"背景"层锁定。

(2) 在"框"图层上绘制背景框。选择【矩形】工具 ，在【属性】面板中设置笔触颜色为"白色",且其【Alpha】值为"50%",笔触高度为"3",填充颜色为"白色",且其【Alpha】值为"40%",圆角参数为"-10",矩形的参数设置如图 8-10 所示。

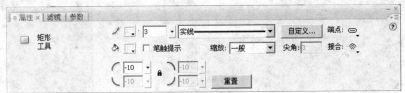

图8-10 过光屏蔽

(3) 绘制一个宽高为"255.0 像素×385.0 像素"的内圆角矩形并与舞台居中对齐,如图 8-11 所示。

(4) 选中绘制的"矩形",按住 Ctrl 快捷键,拖动刚绘制的矩形,完成复制。然后分别设置两矩形的位置如图 8-12 所示。

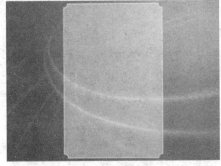

图8-11 绘制框

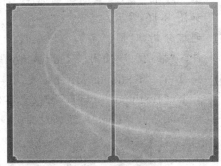

图8-12 设置屏蔽层

3. 输入文字。

(1) 为了操作方便,锁定"框"图层。

(2) 在"文字"图层上利用【文字】工具 T 输入"个人信息注册"和"个人信息核对"两段文字。

(3) 在【属性】面板中设置文字颜色为"白色",大小为"20",字体为"方正综艺简体",如图 8-13 所示。

图8-13 文字设置

(4) 为了设计美观,分别将两段文字放置在图 8-14 所示的位置。

4. 组件设计。

(1) 根据日常经验进行分析,确定需要用户填写的信息项有:用户名、密码、重新填写密码、性别、生日、个人爱好 6 项。将"Label"组件拖曳到舞台中。然后复制 5 个,并依次放置到图 8-15 所示的位置上。

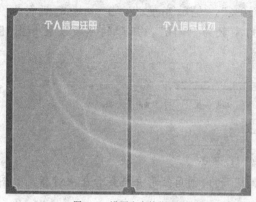

图8-14 设置文字的位置

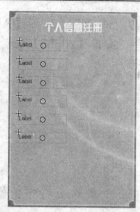

图8-15 设置"Label"位置

(2) 在【参数】面板中，从上到下依次修改"Label"组件的【Text】参数为："用户名"、"密码"、"重新填写密码"、"性别"、"生日"和"个人爱好"。修改完成后效果如图 8-16 所示。

(3) 通过分析，"用户名"、"密码"、"重新填写密码"、"生日" 4 项需使用"TextInput"组件，"性别"项使用"RadioButton"组件，"个人爱好"项使用"TextArea"组件。

(4) 将 1 个"TextInput"组件拖曳到舞台中，设置其宽高为"130 像素×22 像素"，复制出 3 个"TextInput"组件，并设置其位置如图 8-17 所示。需注意的是："TextInput"组件应与相应的"Label"组件对齐。

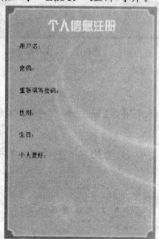

图8-16 输入选项

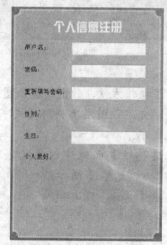

图8-17 设置缓动

(5) 将 1 个"RadioButton"组件拖曳到舞台中，并设置其宽高为"50 像素×22 像素"，复制出 1 个，然后分别修改其【Label】属性为"男"、"女"，设置其位置如图 8-18 所示。

(6) 将 1 个"TextArea"组件拖曳到舞台中，设置其宽高为"130 像素×100 像素"，设置其位置如图 8-19 所示。

图8-18　设置性别项　　　　　　　　　　　　　　图8-19　设置缓动

(7) 拖入两个 "Button" 组件，设置其宽高为 "60 像素×22 像素"，分别修改其【Label】参数为 "提交"、"清空"，然后设置其位置如图 8-20 所示。

(8) 在 "个人信息核对" 一侧也需要一个 "TextArea" 组件来对提交的信息进行显示，所以将 1 个 "TextArea" 组件拖曳到舞台中，并设置其宽高为 "180 像素×280 像素"，放置其位置如图 8-21 所示。

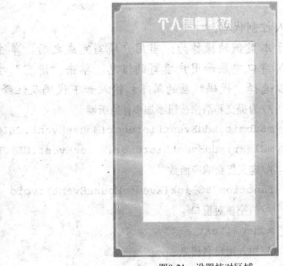

图8-20　设置按钮　　　　　　　　　　　　　　图8-21　设置核对区域

(9) 至此组件的布置就完成了，但这样的组件还不能被程序所应用，还需要在【参数】面板中修改每个组件的【实例名称】。按照从左至右，从上到下的顺序依次修改其【实例名称】为："mUsername"、"mPassword"、"mPassword2"、"mMan"、"mWoman"、"mBirthday"，"mLove"、"mSubmit"、"mClear" 和 "mCheck"。各组件实例名称如图 8-22 所示。

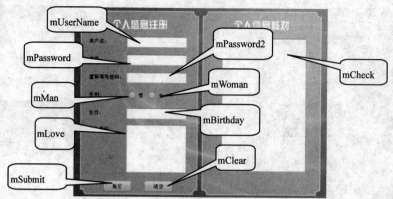

图8-22　修改组件实例名称

(10) 由于当用户输入密码时，"密码"和"重新输入密码"两项需要自动加密显示，所以在【参数】面板中，设置这两个"InputText"组件的【displayAsPassword】参数为"true"，如图 8-23 所示。

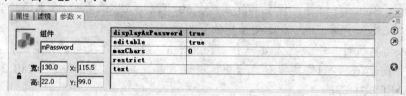

图8-23　设置密码显示

5. 写入控制代码。

由于本案例的操作为：当用户填写完成之后，单击"提交"按钮即可在"个人信息核对"窗口中显示用户填写的信息，单击"清空"按钮可以清除用户已经填写的内容。所以选择"代码"层的第 1 帧输入如下代码及注释。

```
//为提交和清空按钮添加事件监听器
mSubmit.addEventListener(MouseEvent.CLICK,sClick);
mClear.addEventListener(MouseEvent.CLICK,cClick);
//定义提交响应函数
function sClick(Event:MouseEvent):void {
//清空核对窗口
mCheck.text = "";
//加入用户名信息
mCheck.text+="用户名: ";
mCheck.text+=mUsername.text+"\n";
//加入密码信息
mCheck.text+="密码: ";
mCheck.text+=mPassword.text+"\n";
//加入重新填写密码信息
mCheck.text+="重新填写密码: ";
mCheck.text+=mPassword2.text+"\n";
//加入性别信息
```

```
mCheck.text+="性别: ";
if (mMan.selected == true) {
    mCheck.text+="男\n";
} else if (mWoman.selected == true) {
    mCheck.text+="女\n";
} else {
    mCheck.text+="\n";
}
//加入生日信息
mCheck.text+="生日: ";
mCheck.text+=mBirthday.text+"\n";
//加入爱好信息
mCheck.text+="爱好: ";
mCheck.text+=mLove.text+"\n";
}
//定义清空响应函数
function cClick(Event:MouseEvent):void {
//清空用户名
mUsername.text = "";
//清空密码
mPassword.text= "";
//清空重新填写密码
mPassword2.text= "";
//清空生日
mBirthday.text= "";
//清空爱好
mLove.text= "";
}
```

要点提示 在教学资源包 "素材\第八章\个人信息注册代码.txt" 中提供了本案例的全部代码。

6. 保持测试影片，本案例就制作完成了。

【案例小结】

通过本案例的制作，应该认识到，组件的设计和功能实现是两个分离的部分，不懂程序的设计人员可以设计出精美的布局，而程序人员可以在设计人员的基础上进行编程，达到事半功倍的效果。

8.2 视频组件

许多大型的视频网站现在都采用 ".flv" 的格式进行视频传输，这种传输方式有许多的优点，比如传输速度快、支持流媒体、视频文件压缩率大等，而播放".flv"格式的播放器中最优秀的就是 Flash 制作的播放器。使用视频组件可以非常快捷地制作出这种播放器。

8.2.1　知识准备——初识视频组件

使用视频组件可以在很短的时间内创建一个简单 flv 播放器，下面就来学习一下视频组件的创建方法。

一、创建视频组件

(1)　选择【窗口】/【组件】菜单命令，打开【组件】面板，将"Video"下的"FLVPlayback"组件拖曳到舞台中，如图 8-24 所示。

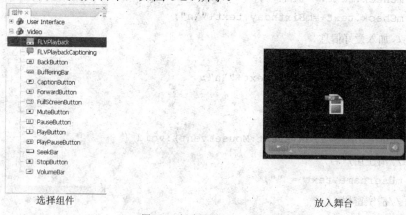

选择组件　　　　　　　　　　放入舞台

图8-24　创建播放器

(2)　选中舞台中的"FLVPlayback"组件，然后在【参数】面板中，选中【source】选项如图 8-25 所示。

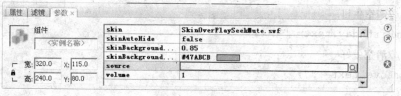

图8-25　参数设置

(3)　单击 按钮，打开如图 8-26 所示的对话框，然后单击 按钮打开【文件选择】对话框，选择教学资源包中"素材\第八章\视频 1.flv"文件。

(4)　单击 打开⑨ 按钮，返回到如图 8-27 所示的【内容路径】对话框。取消勾选【匹配源 FIV 尺寸】复选框，单击 确定 按钮完成路径设置。至此播放器的制作就完成了，测试影片，效果如图 8-28 所示。

图8-26　【内容路径】对话框

图8-27　加入路径

图8-28 播放视频

二、 更换播放器外观

(1) Flash 还提供了许多视频播放器外观，在【参数】对话框的【skin】选项中就能设置不同的外观，如图 8-29 所示。

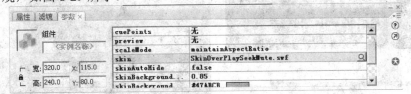

图8-29 设置【skin】参数

(2) 单击 按钮打开【选择外观】对话框如图 8-30 所示，就可以对播放器的外观进行选择。

图8-30 选择外观

8.2.2 典型案例——多功能视频播放器

使用 Flash 提供的播放器模板虽然能够满足一定的使用要求，但是其涉及的播放控制组件不能随意地调整。在本案例中，将使用"Video"中的播放控制组件来创建一个多功能的播放器。

【设计思路】

- 组件布局设计。
- 后台程序编写。
- 加入字幕效果。

【设计效果】

创建图 8-31 所示效果。

普通效果　　　　　　　　　　　　　　　　全屏效果

图8-31　最终效果

【操作步骤】

1. 组件布局设计。

(1) 新建一个 Flash 文档，设置文档尺寸为"550 像素×450 像素"，其他属性保持默认参数。

(2) 新建 2 个图层，然后从上到下依次重命名为"代码"层、"播放控制组件"层和"播放器组件"层，如图 8-32 所示。

(3) 选中"播放器组件"图层，将"Video"组件中的"FLVplayback"组件拖曳到舞台，并设置播放器的宽高为"550 像素×400 像素"，位置坐标 x、y 分别为"0"、"0"，舞台效果如图 8-33 所示。

图8-32　新建图层

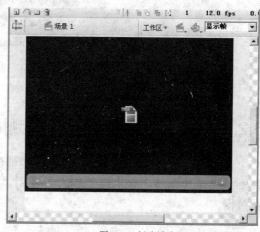

图8-33　创建播放器

(4) 选中播放器组件，在【参数】面板中，设置其【skin】参数为"无"，得到如图 8-34 所示的播放器。

图8-34 设置播放器

(5) 锁定"播放器组件"图层，选中"播放控制组件"图层，打开【组件】面板，将"Video"组件中的"BackButton"、"BufferingBar"、"ForwardButton"、"FullScreenButton"、"PauseButton"、"PlayButton"、"SeekBar"、"StopButton"、"VolumeBar"拖曳到舞台中，并按照图 8-35 所示的位置进行放置。

图8-35 放置播放控制组件

2. 后台程序编写。

(1) 放置到舞台的所有组件，还需要通过设置【实例名称】才能被程序所调用。

(2) 打开【参数】面板，按照从上到下，从左至右的顺序依次给组件命名："mFLVplayback"、"mBufferingBar"、"mPlayButton"、"mBackButton"、"mPauseButton"、"mForwardButton"、"mSeekBar"、"mStopButton"、"mVolumeBar"、"mFullScreenButton"，如图 8-36 所示。

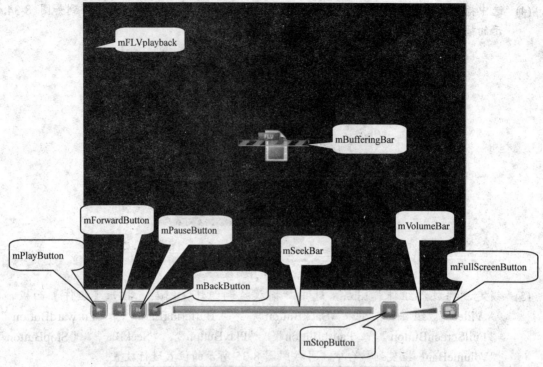

图8-36 设置组件的实例名称

(3) 将 "Video" 组件中的 "FLVplaybackCaptioning" 组件拖曳到【库】面板中，以便程序调用。

(4) 选中 "代码" 图层的第 1 帧，打开【动作-帧】面板输入以下代码。

```
//引用字幕组件
import fl.video.FLVPlaybackCaptioning;
//将播放控制组件连接到播放器组件
mFLVplayback.bufferingBar = mBufferingBar;
mFLVplayback.playButton = mPlayButton;
mFLVplayback.backButton = mBackButton;
mFLVplayback.pauseButton = mPauseButton;
mFLVplayback.forwardButton = mForwardButton;
mFLVplayback.seekBar = mSeekBar;
mFLVplayback.stopButton  = mStopButton;
mFLVplayback.volumeBar = mVolumeBar;
mFLVplayback.fullScreenButton = mFullScreenButton;
//为播放器指定播放视频路径
mFLVplayback.source = "视频 2.flv";
```

(5) 根据程序中指定的视频播放路径 "视频 2.flv"，将教学资源包中 "素材\第八章\视频 2.flv" 文件复制到本案例发布文件相同的路径下。测试影片得到如图 8-37 所示的效果。可以通过播放控制组件对视频播放进行各种控制操作。

加载视频界面　　　　　　　　　　　　　　　　　　播放界面

图8-37　多功能播放器

3. 加入字幕效果。

(1) 加入字幕的方法十分简单，首先需要在现有的程序后面加入以下程序。

```
//创建字幕实例
var my_FLVPlybkcap = new FLVPlaybackCaptioning();
//将字幕实例加载到舞台
addChild (my_FLVPlybkcap);
//指定字幕文件的路径
my_FLVPlybkcap.source = "字幕.xml";
//显示字幕
my_FLVPlybkcap.showCaptions = true;
```

要点提示 教学资源包中"素材\第八章\多功能视频播放器代码.txt"提供本案例涉及的所有代码。

(2) 将教学资源包中"素材\第八章\字幕.xml"复制到本案例发布文件相同的路径下。测试观看影片得到如图 8-38 所示的效果。

图8-38　加入字幕效果

【知识拓展】

字幕内容以 XML 的形式存在，可分为以下几个部分。

(1) xml 的版本说明及其他相关说明。

```
<?xml version="1.0" encoding="UTF-8"?>
```

(2) 主体部分。

所有的歌词和歌词样式都写在<tt></tt>之间。<head></head>之间定义歌词的文字对其方式、文字的颜色、文字的大小等，<body></body>之间定义歌词的开始时间、结束时间、歌词的文字。

```
<tt          xml:lang="en"          xmlns="http://www.w3.org/2006/04/ttaf1"
xmlns:tts="http://www.w3.org/2006/04/ttaf1#styling">
    <head>
<style id="1" tts:textAlign="right"/>
        <style id="2" tts:color="transparent"/>
        <style id="3" style="2" tts:backgroundColor="white"/>
        <style id="4" style="2 3" tts:fontSize="20"/>
    </head>
    <body>
     <div xml:lang="en">
<p begin="00:00:06.42" dur="00:00:03.15">And the company was in dire
straights at the time.</p>
        <p   begin="00:00:09.57"   dur="00:00:01.45">We   were   a   CD-ROM
authoring company,</p>
    </div>
     </body>
    </tt>
```

【案例小结】

本案例使用"FLVPlayback"组件结合视频播放控制组件制作了一个具有多种控制功能的视频播放器，并为视频制作了字幕效果。本案例中所涉及的所有视频和字幕源文件都可以使用网络资源来替代，从而使播放器可以直接播放网络资源。如果能独立制作本案例，就说明这部分内容已经牢固地掌握了。

8.3 综合实例——视频点播系统

当视频在网络上传输时，如果文件太大，就会影响传输的速度。所以有时候需要将视频文件分割成小段来分别传输。在本案例中，将使用用户接口组件和视频播放器组件结合的方式来制作一款具有点播功能的视频播放器，来选择播放被分割成 5 段的视频。

【设计思路】

- 使用组件设计界面。
- 手动方式添加链接。

- 后台程序编写。
- 测试完善系统。

【设计效果】

创建如图 8-39 所示效果。

普通效果　　　　　　　　　　　　　　　　　　　　　　全屏效果

图8-39　最终效果

【操作步骤】

1. 设计界面。

(1) 新建一个 Flash 文档，设置文档尺寸为"550 像素×650 像素"，背景色为"黑色"，其他属性保持默认参数。

(2) 新建 2 个图层，并从上至下依次命名为"代码"层、"播放器组件"层和"用户接口组件"层，效果如图 8-40 所示。

(3) 选中"播放器组件"图层的第 1 帧，然后将"FLVPlayback"组件拖曳到舞台中，并设置其宽高为"550 像素×360 像素"，位置坐标 x、y 分别为"0"、"0"。设置播放器组件的【skin】参数为"SkinUnderAllNoCaption.swf"，效果如图 8-41 所示。

图8-40　新建图层

图8-41　加入播放器组件

(4) 选中"用户接口组件"图层的第 1 帧，将"TileList"组件拖曳到舞台中，并设置其宽高为"100 像素×400 像素"，位置坐标 x、y 为"550"、"0"，如图 8-42 所示。

2. 添加组件链接。

(1) 将教学资源包"素材\第八章"中的"片段 1.flv"至"片段 5.flv"和"图片 1.jpg"至"图片 5.jpg"复制到本案例发布文件的路径下。

(2) 选中舞台中的"TileList"组件，打开【参数】对话框，单击【dataProvider】选项的 按钮，打开如图 8-43 所示的【值】对话框。

图8-42 加入用户接口组件

图8-43 值窗口

(3) 连接单击五次 ⊞ 按钮，增加 5 个项，如图 8-44 所示。

(4) 依次修改"label0~label4"的【label】项为"片段 1.flv"、"片段 2.flv"、"片段 3.flv"、"片段 4.flv"和"片段 5.flv"，依次填写【source】项为"图片 1.jpg"、"图片 2.jpg"、"图片 3.jpg"、"图片 4.jpg"和"图片 5.jpg"，如图 8-45 所示。

图8-44 创建值

图8-45 修改值

(5) 单击 确定 按钮完成【值】创建，测试影片即可看到如图 8-46 所示的效果，此时的"TileList"组件已经显示出视频片段的预览图。

图8-46 视频片段预览图

3. 后台程序编写。

(1) 选择舞台中的"FLVPlayback"组件，并设置其【实例名称】为"mFLVplayback"，选择舞台中的"TileList"组件，并设置其【实例名称】为"mTileList"。

(2) 在"代码"图层的第1帧上添加如下代码。

```
//为"TileList"组件添加事件
mTileList.addEventListener(Event.CHANGE,onChange);
//定义事件函数
function onChange(mEvent:Event):void {
// "PLVplayback"组件加载电影片段
mPLVplayback.load(mEvent.target.selectedItem.label);
//播放视频片段
mPLVplayback.play();
}
```

(3) 测试影片，单击右边的"视频片段阅览图"即可观看相应的视频片段，如图8-47所示。

普通模式

全屏模式

图8-47 播放器效果

4. 测试完善系统。

(1) 测试观看后发现，系统没有自动播放的功能，看完一部分不能自动读取下一部分，这给用户带来极大的不便。所以在"代码"图层的第1帧上继续添加如下代码，设置自动播放功能。

```
//开始就默认播放片段1
mPLVplayback.load("片段1.flv");
mPLVplayback.play();
//为播放器组件添加片段播放完毕事件
mPLVplayback.addEventListener(Event.COMPLETE,onComplete);
//定义片段播放完毕事件的响应函数
function onComplete(mEvent:Event):void {
//获取当前播放片段的名称
var pdStr:String = mEvent.target.source;
//提取当前播放片段的编号
var pdNum:int = parseInt(pdStr.charAt(2));
```

```
//创建一个临时数，用来存储当前片段的编号
var oldNum:int = pdNum;
//判断当前编号是否超过片段总数，如果超过编号等于1，如果没有超过就加1
if (pdNum<5) {
    pdNum++;
} else {
    pdNum=1;
}
//加载下一片段
mEvent.target.load(pdStr.replace(oldNum.toString(),pdNum.toString()));
//播放视频片段
mEvent.target.play();
}
```

要点提示　教学资源包中 "素材\第八章\视频点播系统代码.txt" 提供本案例中涉及的所有代码。

(2) 此时的系统还有一个美中不足就是当全屏播放的时候，播放控制器不能自动地隐藏，从而影响视觉效果。

(3) 选中场景中的 "FLVPlayback" 组件，打开【参数】窗口，设置其中的【SkinAutoHide】参数为 "true"，如图 8-48 所示。

图8-48　设置自动隐藏控制

(4) 测试观看影片，得到如图 8-49 所示的完美效果。

普通效果

全屏效果

图8-49　最终效果

【案例小结】

本案例结合用户接口组件和媒体控制组件的方式进行制作，完成了一个比较完整的视频

点播系统。通过这个系统的制作，相信读者对组件应该有了一个更深的认识。同时也应该认识到，软件中任何部分都需要配合使用才能制作出更好的作品。

小结

组件作为 Flash 的一个组成部分，有着其特殊的意义。它既对 Flash 软件本身的完整性起着重要作用，同时也为用户开发提供了便利。通过组件，可以在非常短的时间内完成一些类似应用程序开发，特别是制作播放器方面开发的工作，所以为许多大型网站所采用。

本章以先讲原理再以实例分析的方法为读者由浅入深地讲解了 Flash 组件的核心知识，但要完全掌握这门工具，还需要平时多花时间，加强练习，才能将其运用自如，为开发锦上添花。

思考与练习

1. 思考组件可以方便在哪些方面进行开发？
2. 请以本章的讲解作为突破口，将本章没有涉及的组件运用起来。
3. 使用用户接口组件开发一个个人性格测试工具，可以从教学资源包"素材\第八章\个人性格测试内容.txt"中获取试题，如图 8-50 所示。

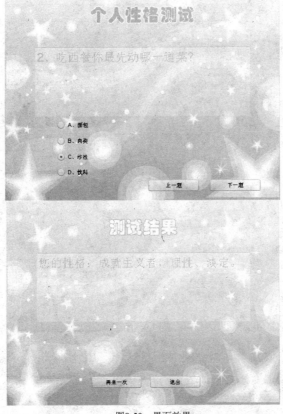

图8-50 界面效果

4. 请使用播放器组件和用户接口组件结合的方式制作一个可以任意设置播放文件路径的

播放器，如图 8-51 所示。

初始界面

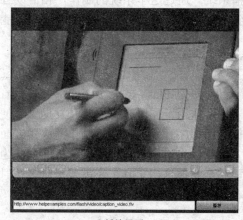

播放界面

图8-51　操作效果

5.　重做本章全部实例。

第9章　综合实例

在前面的章节中对 Flash CS3 进行了比较详细地讲解。通过适当的案例分析和制作，相信读者已经对 Flash CS3 整体有了充分地认识和了解。在本章中，将以案例讲解为主，从实战的角度来提升读者对 Flash CS3 的综合运用的能力。

【学习目标】
- 掌握片头动画的制作思路和方法。
- 掌握电子相册的制作思路和方法。
- 掌握 Flash 游戏的制作思路和方法。
- 掌握 Flash 网站的制作思路和方法。

9.1　动感片头制作——生命在于运动

Flash 动画的运用领域非常的强大，本例将介绍 Flash 在片头动画中的运用。在动画演示过程中，经过一个绚丽的开场进入主题——生命在于运动，先是表现生命与运动的内在关系，然后过渡到运动阶段，最终进入片尾总结。动画的制作过程中声音与动画的完美结合、绚丽的特效和合理的过渡，使整个动画给人一种震撼的动感。

【设计思路】
- 制作开场动画。
- 制作标题动画。
- 制作生命与运动的联系。
- 制作运动的表现部分。
- 制作片尾。

【设计效果】
创建如图 9-1 所示效果。

【操作步骤】
1. 制作开场动画。
(1) 新建一个 Flash 文档，设置文档尺寸为 "600 像素×450 像素"，背景颜色为 "黑色"，帧频为 "24"，其他属性使用默认参数。
(2) 将默认的 "图层 1" 重命名为 "开场动画" 层。选择□工具，在舞台中绘制一矩形如图 9-2 所示，笔触颜色和填充颜色都为 "白色"，笔触高度为 "1"。在第 8 帧处插入关键帧然后调整其形状如图 9-3 所示，并把填充颜色改为 "#666666"，然后创建补间形状动画。

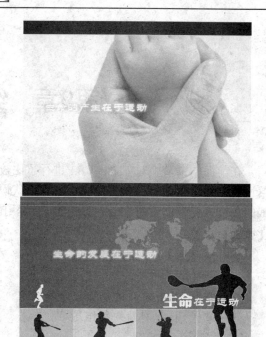

图9-1 最终设计效果

图9-2 第1帧的矩形   图9-3 第8帧的矩形

(3) 在第 10 帧处插入一个关键帧，然后在第 16 帧插入关键帧并调整其形状如图 9-4 所示，调整其填充颜色为"白色"，然后创建补间形状动画。

(4) 分别在第 17 帧和第 18 帧插入关键帧，然后将第 18 帧处矩形的宽度调大一点，效果如图 9-5 所示。

图9-4 第16帧的矩形   图9-5 第18帧的矩形

(5) 同样在第 20 帧处插入关键帧并调大矩形的宽度，并把第 19 帧转换为空白关键帧。

(6) 在第 22 帧插入关键帧，调整矩形的宽如图 9-6 所示，并把第 21 帧转换为空白关键帧。

(7) 在第 24 帧插入关键帧，把第 23 帧转换为空白关键帧。在第 26 帧插入关键帧，把第 25 帧转换为空白关键帧。

(8) 在第 29 帧插入关键帧并调整矩形的填充颜色为 "#999999"，在第 26 帧和第 29 帧之间创建补间形状动画。

(9) 在第 30 帧和第 33 帧插入关键帧并调整第 33 帧处矩形的高如图 9-7 所示，创建补间形状动画。然后在第 750 帧处插入帧，此时【时间轴】状态如图 9-8 所示。

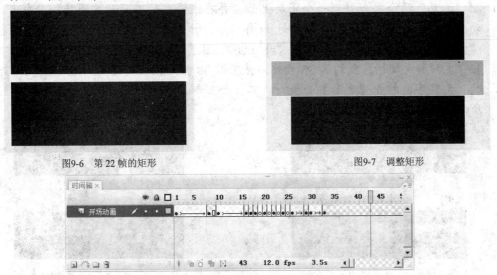

图9-6 第 22 帧的矩形　　　　　　　　　　　　图9-7 调整矩形

图9-8 【时间轴】状态

(10) 新建图层并重命名为 "music" 层，选择【文件】/【导入】/【导入库】菜单命令，将教学资源包 "素材\第九章\生命在于运动\music" 文件夹中所有的声音文件导入到【库】中，并在第 1 帧插入声音 "sound01.mp3"，在第 19 帧插入空白关键帧并插入声音 "sound02.mp3"，然后在第 55 帧处插入空白关键帧，此时的【时间轴】状态如图 9-9 所示。

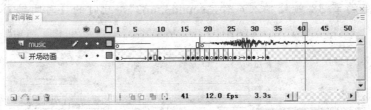

图9-9 【时间轴】状态

2. 制作标题动画。

(1) 新建一个图层，使用绘图工具在第 35 帧处插入关键帧并设计如图 9-10 所示的标题，"生命在于" 的填充颜色为 "白色"，"运动" 的填充颜色为 "#FFFF00"。

(2) 选择标题文字，连续按 Ctrl + B 快捷键两次，将文字打散。然后用鼠标右键单击打散的文字，在弹出的快捷菜单中选择【分散到图层】命令，将每一个文字都分散到一个单独的图层上面，此时的【时间轴】状态如图 9-11 所示。

图9-10 标题设计

图9-11 【时间轴】状态

(3) 把"运动"两个字合并到一个图层上面,并在该图层的下面新建图层并重命名为"运动背景"层,使用绘图工具设计如图 9-12 所示的背景,设置背景的边框颜色为"#FF9900",内部填充的颜色为"#FF9900"且其【Alpha】值为"50%"。

(4) 把"生"的关键帧拖曳到第 35 帧处,并在第 38 帧处插入关键帧。然后选中第 35 帧处的"生"字,打开【变形】面板,将其长和宽都调整为"300%",舞台效果如图 9-13 所示,并创建补间形状动画。

图9-12 "运动"的背景效果

图9-13 放大 3 倍的"生"字

(5) 在"生"层的下面新建图层并重命名为"生扩散"层,将"生"层的第 38 帧复制到"生扩散"层的第 38 帧,并在第 41 帧处插入关键帧。

(6) 选中"生扩散"层的第 41 帧处的"生"字,打开【变形】面板将长和宽都调整为"160%",并调整其填充颜色的【Alpha】值为"0%",然后在第 38 帧和第 41 帧之间创建补间形状动画。

(7) 在"生"层的第 38 帧处插入声音"sound3.mp3",此时的【时间轴】状态如图 9-14 所示。

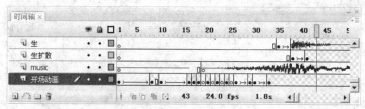

图9-14 【时间轴】状态

(8) 用同样的方法分别在第 43 帧处制作"命"的动画效果,在第 54 帧制作"在"的动画效果,在第 59 帧处制作"于"的动画效果,在第 68 帧制作"运动"的动画效果,此时的【时间轴】状态如图 9-15 所示。

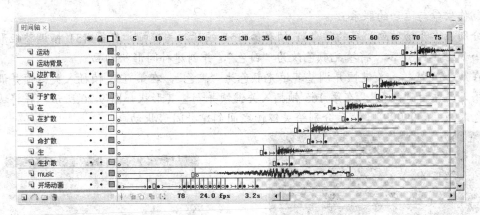

图9-15　【时间轴】状态

(9) 在"运动"层的上面新建图层并重命名为"自行车"层，在第 93 帧处插入一个空白关键帧，选择【文件】/【导入】/【打开外部库】菜单命令，打开教学资源包中"素材\第九章\生命在于运动\生命在于运动.fla"文件，把【库-生命在于运动.fla】面板中的"自行车"文件夹里面名为"自行车"的影片剪辑元件拖曳到舞台中并调整其位置，效果如图 9-16 所示。

(10) 在第 125 帧插入关键帧，调整自行车的位置如图 9-17 所示，并在第 93 帧到第 125 帧之间创建补间动画。

图9-16　第 93 帧处的自行车

图9-17　第 125 帧处的自行车

(11) 分别在"生"层、"命"层、"在"层、"于"层、"运动"层和"运动背景"层第 117 帧插入关键帧，分别调整第 140 帧处它们的位置，如图 9-18 所示，并分别在第 117 帧到第 140 帧之间创建形状补间动画。最后在图层"自行车"到图层"生扩散"的第 141 帧插入空白关键帧。

图9-18　第 140 帧的舞台效果

3. 制作生命与运动的联系。

(1) 分别在 "开场动画" 层的第 141 帧和第 151 帧插入关键帧，在第 151 帧调整矩形的大小如图 9-19 所示，将填充颜色改为 "白色"，并创建补间形状动画。

(2) 在第 153 帧插入关键帧并调整其填充颜色为 "黑色"，在第 155 帧插入关键帧并调整其填充颜色为 "白色"，在第 165 帧插入关键帧并调整其形状如图 9-20 所示，并将填充颜色改为 "#999999"，然后分别给关键帧之间创建补间形状动画。

图9-19　第 151 帧的矩形

图9-20　第 165 帧的矩形

(3) 在 "music" 层的第 141 帧插入声音 "sound01.mp3"，在第 151 帧插入声音 "sound02.mp3"，在第 178 帧插入声音 "bgsound.mp3"。此时的【时间轴】状态如图 9-21 所示。

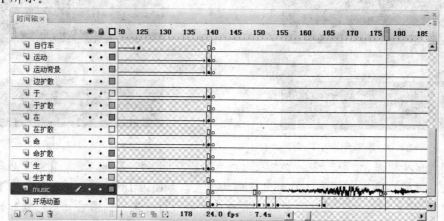

图9-21　【时间轴】状态

(4) 在 "自行车" 层的上面新建图层并重命名为 "背景" 层，在第 165 帧处插入关键帧并将教学资源包中 "素材\第九章\生命在于运动\image" 文件夹中的 "婴儿.jpg" 文件导入到舞台中并与舞台居中对齐，效果如图 9-22 所示，然后将图片转换为影片剪辑元件。

(5) 新建图层并重命名为 "范围限制" 层，将 "开场动画" 层的第 165 帧复制到 "范围限制" 层的第 165 帧，把矩形的边框删除只留下填充部分，并把 "范围限制" 层变成遮罩层，此时的舞台效果如图 9-23 所示。

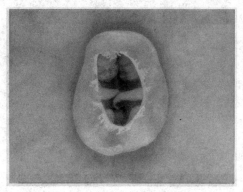

图9-22 导入的图片

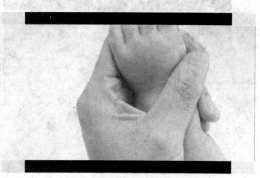

图9-23 添加遮罩后的图片

(6) 在"背景"层的第 177 帧、第 181 帧和第 230 帧插入关键帧，把第 165 帧的元件【Alpha】值设置为"0%"，第 230 帧的元件向上移动 5 像素，并在第 165 帧到第 177 帧之间，第 181 帧到第 230 帧之间创建补间动画，从而创建动态的背景效果。

(7) 新建图层并重命名为"生命的产生"层，在第 178 帧的舞台中输入文字"生命的产生在于运动"，并把文字转换为影片剪辑元件。

(8) 选中文字，打开【滤镜】面板，为文字添加发光效果，如图 9-24 所示，其发光颜色为"#FFCC00"，最终的文字效果如图 9-25 所示。

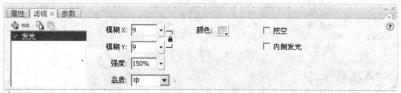

图9-24 添加【发光】滤镜

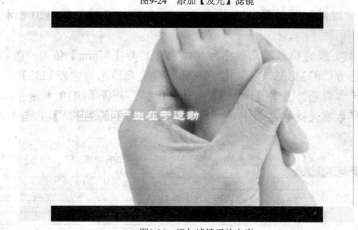

图9-25 添加滤镜后的文字

(9) 在第 186 帧插入关键帧，选中第 178 帧的文字元件，将其【Alpha】值设置为"0%"，并把文字元件向下移动一定的距离，然后在第 178 帧到第 186 帧之间创建补间动画。

(10) 分别在第 231 帧和第 237 帧插入关键帧，把第 237 帧的文字元件的【Alpha】值设置为"0%"，并在第 231 帧到第 237 帧之间创建补间动画，使文字产生渐渐消失的效果。

(11) 用同样的方法，可制作"生命的存在在于运动"和"生命的发展在于运动"，效果如图 9-26 和图 9-27 所示。

图9-26　"生命的存在在于运动"

图9-27　"生命的发展在于运动"

(12) 完成后的【时间轴】状态如图 9-28 所示。

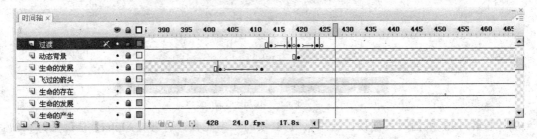

图9-28　【时间轴】状态

4. 制作运动的表现部分。

(1) 在"生命的发展"层上面新建图层并重命名为"过渡"层。复制"开场动画"层的第 165 帧到"过渡"层的第 414 帧，并分别在第 418 帧、第 420 帧和第 424 帧插入关键帧。

(2) 分别调整第 414 帧的矩形填充颜色为"白色"且其【Alpha】值为"0%"，第 418 帧的矩形填充颜色为"#333333"，第 420 帧的矩形填充颜色为"#333333"，第 424 帧矩形的填充颜色为"白色"且其【Alpha】值为"0%"，并将第 419 帧和第 425 帧转换为空白关键帧，然后在关键帧之间创建补间动画，此时的【时间轴】状态如图 9-29 所示。

图9-29　【时间轴】状态

(3) 在"过渡"层的下面新建图层并重命名为"动态背景"层，在第 420 帧插入关键帧，选择【文件】/【导入】/【打开外部库】菜单命令，打开教学资源包中的"素材\第九章\生命在于运动\生命在于运动.fla"文件，把【库-生命在于运动.fla】面板中"运动的体现"文件夹中的名为"动态背景"的影片剪辑元件拖曳到舞台中，调整它的大小并与舞台居中对齐，效果如图 9-30 所示。

图9-30 添加动态背景后的效果

(4) 在"过渡"层上面新建图层并重命名为"运动形式"层，并在第 424 帧插入空白关键帧。新建一个名为"运动形式"的影片剪辑元件，选中第 424 帧，把它从【库】面板中拖曳到舞台中。

(5) 双击舞台上的"运动形式"元件，进入元件编辑状态，把【库-生命在于运动.fla】面板中的"运动的体现"文件夹中的所有图形元件拖曳到当前文档的【库】面板中。

(6) 把默认的"图层 1"重命名为"photo1"层，把【库】面板中名为"sport1"的图形元件拖曳到舞台中，在第 1 帧处插入帧，并在第 4 帧插入关键帧，然后调整第 1 帧的"sprot1"元件的【Alpha】值为"0%"，并在第 1 帧到第 4 帧之间创建补间动画，此时的场景如图 9-31 所示。

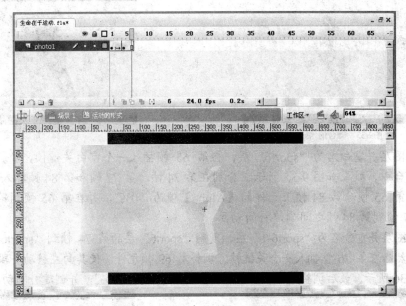

图9-31 场景效果

(7) 在第 7 帧插入一个空白关键帧，然后拖入元件"sport2"，在第 10 帧插入一个关键帧，调整第 7 帧元件的【Alpha】值为"0%"，并在第 7 帧到第 10 帧之间创建补间动画。

(8) 用同样的方法，依次制作"sport4"、"sport1"、"sport2"和"sport3"元件的渐显动画，此时的【时间轴】状态如图 9-32 所示。

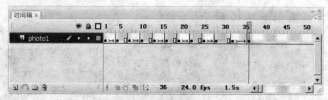

图9-32 【时间轴】状态

(9) 新建一个名为"photo1-1"层，复制"photo1"层的第 37 帧到"photo1-1"层的第 38 帧，并在第 46 帧插入关键帧，打开【变形】面板，将其长和宽都设置为"160%"，同时调整其【Alpha】值为"0%"，然后在第 38 帧到第 46 帧之间创建补间形状动画，从而实现向外扩散的效果。

(10) 新建图层并重命名为"sport5"层，在第 51 帧插入一个空白关键帧，把"sport5"元件拖曳到舞台中，效果如图 9-33 所示。在第 60 帧插入一个关键帧，然后调整第 51 帧的元件的长和宽为"32%"，【Alpha】值为"15%"，并在第 51 帧到第 60 帧之间创建补间动画。

(11) 分别在第 64 帧和第 72 帧插入关键帧，调整第 72 帧元件的【Alpha】值为"0%"，并在第 64 帧到第 72 帧之间创建补间动画。

(12) 新建图层并重命名为"sport5-1"层，复制"sport5"层的第 51 帧至第 60 帧到"sport5-1"的第 56 帧至第 64 帧，实现重影效果，如图 9-34 所示。

图9-33 舞台的"sport5"元件

图9-34 重影效果

(13) 新建图层并重命名为"sport6"层，在第 65 帧插入一个空白关键帧，将"sport6"拖曳到舞台中，效果如图 9-35 所示。分别在第 74 帧、第 77 帧和第 84 帧插入关键帧，分别调整第 65 帧和第 84 帧上元件的【Alpha】值为"0%"，并在第 65 帧到第 74 帧之间，第 77 帧到第 84 帧之间创建补间动画。

(14) 新建图层并重命名为"sport6-1"层，复制"sport6"层的第 74 帧到"sport6-1"层的第 69 帧，然后在第 76 帧插入一个关键帧。调整第 69 帧元件，使其向左移动一段距离，效果如图 9-36 所示。最后调整第 69 帧元件的【Alpha】值为"0%"，并创建补间动画。

图9-35 舞台中的"sport6"元件

图9-36 向左调整后的"sport6"

(15) 新建图层并重命名为"sport6-2"层，复制"sport6-1"层的第 69 帧至第 76 帧到"sport6-2"的第 70 帧至第 77 帧，从而实现图 9-37 所示的重影的效果，此时的【时间轴】状态如图 9-38 所示。

图9-37　"sport6"的效果

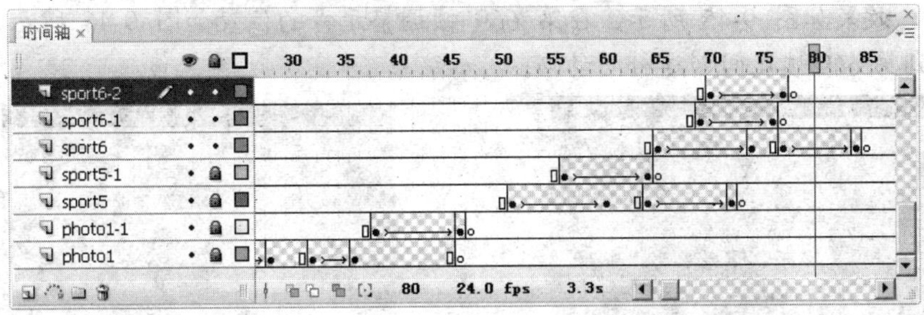

图9-38　【时间轴】状态

(16) 用同样的方法依次制作"sport7"、"sport8"和"sport9"的运动效果，分别如图 9-39、图 9-40 和图 9-41 所示。

图9-39　"sport7"的效果

图9-40　"sport8"的效果

图9-41　"sport9"的效果

(17) 新建图层并重命名为"photo2"层，按照"photo1"层的制作方法，依次制作"sport10"至"sport15"的渐显效果，其中"sport15"和"sport10"的效果如图 9-42 和图 9-43 所示。此时的【时间轴】状态如图 9-44 所示。

图9-42　"sport15"的效果

图9-43　"sport10"的效果

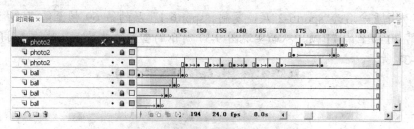

图9-44 【时间轴】状态

(18) 退出元件编辑，返回主场景。

5.　制作片尾。

(1)　新建图层并重命名为"冲刺的人 01"层，在第 645 帧插入空白关键帧，打开【库-生命在于运动.fla】面板，将"人物"文件夹中的名为"冲刺的人 01"的影片剪辑元件拖曳到舞台，效果如图 9-45 所示。在第 669 帧调整元件的位置如图 9-46 所示，然后在第 645 帧到第 669 帧之间创建补间动画。

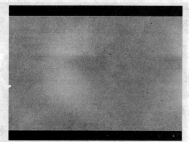

图9-45　第 645 帧的元件

图9-46　第 669 帧的元件

(2)　新建图层并重命名为"冲刺的人 02"层，在第 670 帧插入一个空白关键帧，将【库-生命在于运动.fla】中名为"冲刺的人 02"的影片剪辑元件拖曳到舞台中，效果如图 9-47 所示。在第 700 帧调整元件的位置如图 9-48 所示，然后在第 670 帧到第 700 帧之间创建补间动画。

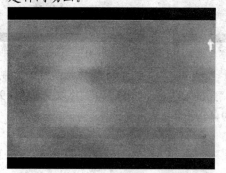

图9-47　第 670 帧的元件

图9-48　第 700 帧的元件

(3)　在第 688 帧插入一个关键帧，然后分别调整第 670 帧和第 700 帧的【Alpha】值为"0%"。

(4)　按照上面制作过渡效果的方法，在"开场动画"层的第 707 帧制作图 9-49 所示的过场效果。

图9-49 过渡效果

(5) 在"开场动画"下面新建图层并重命名为"片尾画面"层，在第 724 帧插入一个空白关键帧，将【库-生命在于运动.fla】中的"片尾"文件夹中名为"片尾画面"的影片剪辑元件拖曳到舞台中。效果如图 9-50 所示，并将"开场动画"层第 729 帧上的矩形的填充颜色的【Alpha】值设置为"0%"。此时的【时间轴】状态如图 9-51 所示。

图9-50 片尾画面

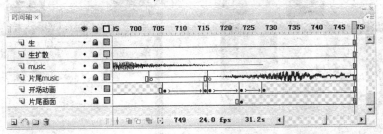

图9-51 【时间轴】状态

要点提示 片尾画面中使用的一些文字特效和人物扫光特效，与前面的特效制作具有相似性，这不再逐一介绍，读者可参阅前面章节内容的讲解。

(6) 在最上面新建图层并重命名为"代码控制"，在第 1 帧输入脚本"fscommand("fullscreen", "true");"；在最后 1 帧输入脚本"stop();"。

6. 保存测试影片，完成动画制作。

【案例小结】

通过本例的学习，读者可以掌握片头动画的制作方法，并从中学会通过基础知识的综合运用来制作更加复杂、绚丽的动画作品，让作品上一个层次。

9.2 电子相册制作——视觉大餐

本例综合运用 Flash CS3 的各种功能，在动画演示过程中，经过一段闪亮开场后进入图片展示界面；在功能上实现可自动播放所有的图片或者有控制性的单张展示，也可以通过下边的滚动条快捷地选择需要欣赏的图片，同时也实现了图片的放大或缩小功能，让读者可以随心所欲地欣赏图片。

【设计思路】

- 制作横排的快捷浏览窗口。
- 制作图片的显示效果。
- 制作按钮和标题。
- 添加控制代码。

【设计效果】

创建图 9-52 所示效果。

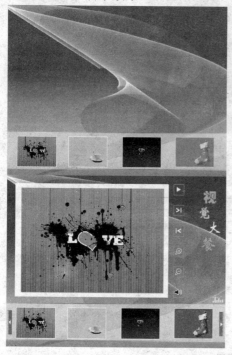

图9-52　最终设计效果

【操作步骤】

1. 制作横排的快捷浏览窗口。

(1) 新建一个 Flash 文档，设置文档尺寸为 "500 像素×375 像素"，背景颜色为 "黑色"，帧频为 "24"，其他属性使用默认参数。

(2) 选择【文件】/【导入】/【导入到库】菜单命令，将教学资源包中 "素材\第九章\电子相册" 中 "image" 文件夹中的图片和 "music" 文件夹中的声音导入到【库】面板中。

(3) 将默认的 "图层 1" 重命名为 "背景" 层，选择【文件】/【导入】/【打开外部库】菜单命令，打开教学资源包中 "素材\第九章\电子相册\电子相册.fla" 文件，将 "背景"

文件夹中名为"动态背景"的影片剪辑元件拖曳到舞台中，并调整元件大小为"500 像素×375 像素"并与舞台居中对齐，然后在第 120 处插入帧，结果如图 9-53 所示。

(4) 新建图层并重命名为"开场动画"层，将【库-电子相册.fla】中"矩形边框"文件夹中名为"横排图片背景"的影片剪辑元件拖曳到舞台中，设置位置坐标 x 为"868.3"，y 为"98.3"，然后在第 7 帧插入一个关键帧，并将元件调整到图 9-54 所示的位置，在第 1 帧和第 7 帧之间创建补间动画。

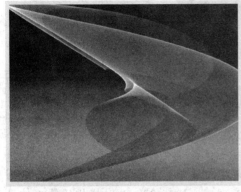

图9-53　导入背景

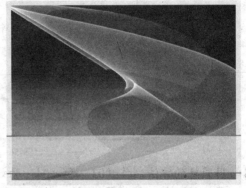

图9-54　调整元件位置

(5) 新建图层并重命名为"快捷浏览"层，在第 13 帧处插入关键帧，将【库-电子相册.fla】中"图片控制按钮"文件夹中名为"01"的按钮元件拖曳到舞台中，调整大小为"32%"，如图 9-55 所示。然后选中舞台中的元件，把它转换为名为"快捷按钮"的影片剪辑元件，并双击进入其编辑状态。

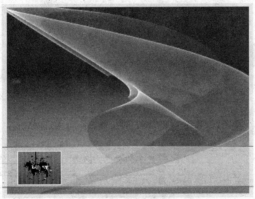

图9-55　放入第 1 个图片按钮

(6) 把默认的"图层 1"重命名为"01"层，在第 100 帧处插入帧。然后将舞台中的按钮元件的【实例名称】设置为"picture01"。分别在第 1 帧和第 4 帧插入关键帧，调整第 1 帧元件的【Alpha】值为"0 %"，并创建补间动画。

(7) 新建图层并重命名为"02"层，将【库-电子相册.fla】中"图片控制按钮"文件夹中名为"02"的按钮元件拖曳到舞台中，并设置其【实例名称】为"picture02"，然后在第 8 帧和第 11 帧之间制作与"01"相同的渐显效果，如图 9-56 所示。

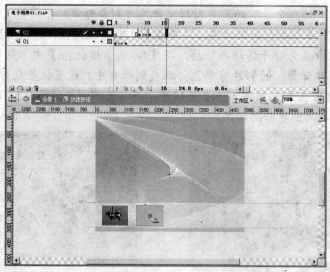

图9-56　放入第 2 个图片按钮

(8) 用同样的方法制作 "03" 和 "04" 的效果。新建图层并重命名为 "music" 层，分别在第 1 帧、第 8 帧、第 15 帧和第 23 帧插入声音 "sound1.mp3"。此时横排的第 1 组显示的图片制作完成，如图 9-57 所示，此时【时间轴】状态如图 9-58 所示。

图9-57　第 1 组图片按钮

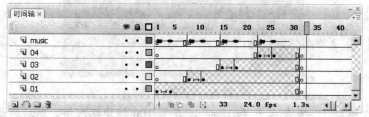

图9-58　【时间轴】状态

要点提示 在添加声音时，在【属性】面板对声音进行剪裁，只要有声音的部分，其他多余的部分剪裁掉。

(9) 用同样的方法制作第 2 组图片和第 3 组图片，分别如图 9-59 和图 9-60 所示，最终 "快捷按钮" 的影片剪辑元件的【时间轴】状态如图 9-61 所示。

要点提示 第 2 组图片的起始帧为 45，结束帧为 70，第 3 组图片的起始帧为 75，结束帧为 100。两个关键帧之间相差 3 个帧。

图9-59 第2组图片按钮　　　　　　　　　图9-60 第3组图片按钮

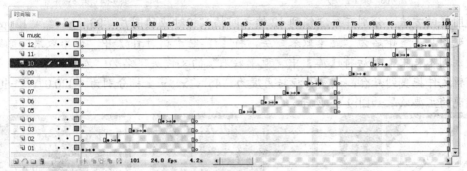

图9-61 【时间轴】状态

(10) 退出元件编辑，返回主场景。

2.　制作图片的显示效果。

(1) 新建图层并重命名为"展开效果"层，在第 50 帧将【库-电子相册.fla】中名为"图片展开效果"的图形元件拖曳到舞台中，设置它的宽、高分别为"422"、"275"，它的 x、y 坐标分别为"198.5"、"146"，在【属性】面板中设置【图形选项】为"播放一次"，这样它将实现一张白纸翻转到舞台的效果，如图 9-62 所示。

图9-62 图片的展开效果

(2) 新建图层并重命名为"图片显示效果"层，在第 59 帧插入关键帧，将【库】面板中名为"1.jpg"的图片拖曳到舞台中，设置其长宽为"336 像素×230 像素"，x、y 坐标分别为"26"、"27"，此时的舞台效果如图 9-63 所示。

(3) 将舞台中的图片转换为名为"图片的显示效果"的影片剪辑元件，双击进入其编辑状态。

(4) 把默认的"图层 1"重命名为"图片"层，在第 2 帧插入一个空白关键帧，把【库】中名为"02.jpg"的图片拖曳到舞台中，设置其长宽为"336 像素×230 像素"，x、y 坐标分别为"0"、"0"，此时的舞台效果如图 9-64 所示。

图9-63　第1张图片

图9-64　第2张图片

(5) 用同样的方法，分别在第 3 帧到 12 帧之间插入相对应的图片 "03.jpg" 至 "12.jpg"。

(6) 新建图层并重命名为 "遮罩效果" 层，将【库-电子相册.fla】中 "遮罩效果" 的文件夹复制到本库中，然后将【库】中 "遮罩效果" 的文件夹下名为 "遮罩效果 08" 的影片剪辑元件拖曳到舞台，调整其旋转角度为 "45"，x、y 坐标分别为 "320.0"、"-50"，其实现的主要效果如图 9-65 所示。

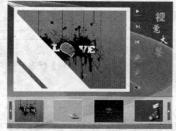

图9-65　第1张图片的显示效果

(7) 用同样的方法，分别在第 2 帧到第 12 帧之间插入各种遮罩效果，然后将 "遮罩效果" 层转换为【遮罩层】。【库-电子相册.fla】中共有 7 种遮罩效果，注意不要在相邻两帧插入相同的遮罩效果。

(8) 新建图层并重命名为 "AS" 层，分别在第 1 帧到第 12 帧每 1 帧都输入脚本 "stop();"，此时的【时间轴】状态如图 9-66 所示。

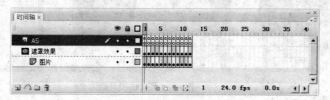

图9-66　【时间轴】状态

(9) 退出元件编辑，返回主场景。

(10) 新建图层并重命名为 "显示范围" 层，在第 50 帧插入关键帧，然后在舞台中绘制一个矩形，其属性如图 9-67 所示，填充颜色为 "#3399FF"，舞台效果如图 9-68 所示。然后将 "显示范围" 图层转换为遮罩层。

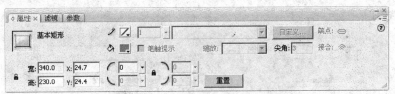

图9-67 "矩形"的【属性】面板

图9-68 绘制的矩形

3. 制作按钮和标题。

(1) 新建图层并重命名为"按钮"层，在第 85 帧将【库-电子相册.fla】中"按钮"文件夹中的按钮，按照如图 9-69 所示的方式排列在舞台中。新建图层并重命名为"显示效果"层，并在第 85 帧到第 92 帧为"按钮"层做一个遮罩效果，实现它们整体制作渐显效果，然后在第 93 帧插入空白关键帧。

(2) 新建图层并重命名为"标题"层，在第 100 帧将【库-电子相册.fla】中名为"标题"的影片剪辑元件拖曳到舞台中，如图 9-70 所示。在第 100 帧到第 106 帧之间制作从右闪入舞台的显示效果。

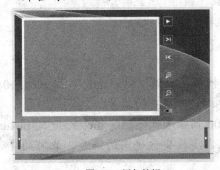

图9-69 添加按钮

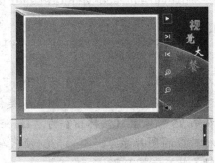

图9-70 添加标题

4. 添加控制代码。

(1) 新建图层并重命名为"声波"层，在第 120 帧将【库-电子相册.fla】中"声波"文件夹中名为"声波"的影片剪辑元件拖曳到舞台中，设置【实例名称】为"shenbo"，x、y 坐标分别为"470"、"270"。

(2) 分别设置"快捷浏览"层上的"快捷按钮"元件的【实例名称】为"fastButton"，"图片显示效果"层上的"图片显示效果"元件的【实例名称】为"picture"。

(3) 双击"快捷按钮"元件，进入元件编辑，在最上层新建一个名为"as"的图层，在第 1 帧设置【帧标签】为"One"，如图 9-71 所示。然后在第 30 帧插入一个关键帧，输入如下的代码。

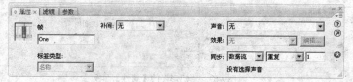

图9-71 设置【帧标签】

```
stop();
picture01.addEventListener(MouseEvent.CLICK, pic1);
function pic1(event:MouseEvent):void {
MovieClip(root).picture.gotoAndStop(1);
}

picture02.addEventListener(MouseEvent.CLICK, pic2);
function pic2(event:MouseEvent):void {
MovieClip(root).picture.gotoAndStop(2);
}

picture03.addEventListener(MouseEvent.CLICK, pic3);
function pic3(event:MouseEvent):void {
MovieClip(root).picture.gotoAndStop(3);
}

picture04.addEventListener(MouseEvent.CLICK, pic4);
function pic4(event:MouseEvent):void {
MovieClip(root).picture.gotoAndStop(4);
}
```

(4) 在第 45 帧设置【帧标签】为"Two",在第 70 帧输入代码控制 picture05 到 picture08 相对应的图片显示,与第 30 帧代码类似,只需要改变代码中的编号。

(5) 在第 75 帧设置【帧标签】为"Three",在第 100 帧输入代码控制 picture09 到 picture12 相对应的图片显示,与第 30 帧代码类似,只需要改变代码中的编号。此时的【时间轴】状态如图 9-72 所示。

图9-72 【时间轴】状态

(6) 退出元件编辑,返回主场景。

(7) 选中"按钮"层,分别设置"播放控制按钮"元件的【实例名称】为"Start","下一

张"为"nextButton","上一张"为"prevButton","放大"为"bigButton","缩小"为
"smallButton","声音控制按钮"为"play_pause_btn","向前滚动"为"prevFrom",
"向后滚动"为"nextFrom"。

(8) 在最上层新建一个名为"AS"的图层,在第120帧插入一个关键帧,输入如下的脚本。

```
stop();
//调入声音
var snd:bgSound = new bgSound();
var channel:SoundChannel = snd.play(20,9999);


//自动播放按钮
var delayTimer:Timer;
var playGO:Boolean = true;
delayTimer = new Timer(3000);
delayTimer.addEventListener(TimerEvent.TIMER,newShip);
function newShip(event:TimerEvent) {
this.picture.nextFrame();
}
Start.addEventListener(MouseEvent.CLICK, DT);
function DT(event:MouseEvent):void {
if (playGO) {
    delayTimer.start();
    this.Start.gotoAndStop(2);
    playGO=false;
} else {
    delayTimer.stop();
    this.Start.gotoAndStop(1);
    playGO=true;
}
}


//下一张
nextButton.addEventListener(MouseEvent.CLICK, goTo2);
function goTo2(event:MouseEvent):void {
this.picture.nextFrame();
}


//上一张
prevButton.addEventListener(MouseEvent.CLICK, goTo3);
function goTo3(event:MouseEvent):void {
```

```
        this.picture.prevFrame();
    }

//放大按钮
bigButton.addEventListener(MouseEvent.CLICK,area);
function area(event:MouseEvent):void {
this.picture.width = this.picture.width+50;
this.picture.height = this.picture.height+34;
}
//缩小按钮
smallButton.addEventListener(MouseEvent.CLICK, area1);
function area1(event:MouseEvent):void {
this.picture.width = this.picture.width-50;
this.picture.height = this.picture.height-34;
}


//定义用于存储当前播放位置的变量
var pausePosition:int =0;
var playingState:Boolean = true;
play_pause_btn.addEventListener(MouseEvent.CLICK,onPlaypause);
//定义播放暂停按钮上的单击响应函数
function onPlaypause(e) {
//判断是否处于播放状态
if (playingState) {
    //为真，表示正在播放
    //存储当前播放位置
    pausePosition = channel.position;
    //停止播放
    channel.stop();
    this.play_pause_btn.gotoAndStop(2);
    this.shenbo.gotoAndPlay(26);
    //设置播放状态为假
    playingState= false;
} else {
    //不为真，表示已暂停播放
    this.play_pause_btn.gotoAndStop(1);
    //从存储的播放位置开始播放音乐
    channel = snd.play(20,9999);
    this.shenbo.play();
    //重新设置播放状态为真
```

```
        playingState=true;
    }
}


//下一组图片
nextFrom.addEventListener(MouseEvent.CLICK, goTo01);
function goTo01(event:MouseEvent):void {
if (this.fastButton.currentFrame==30) {
    this.fastButton.gotoAndPlay("Two");
}
if (this.fastButton.currentFrame==60) {
    this.fastButton.gotoAndPlay("Three");
}
}


//上一组图片
prevFrom.addEventListener(MouseEvent.CLICK, goTo02);
function goTo02(event:MouseEvent):void {
if (this.fastButton.currentFrame==60) {
    this.fastButton.gotoAndPlay("One");
}
if (this.fastButton.currentFrame==90) {
    this.fastButton.gotoAndPlay("Two");
}
}
```

5. 保存测试影片，完成动画的制作。

【案例小结】

通过本例的学习，读者可以进一步地巩固前面章节所学的基础知识，并初步掌握 Flash CS3 各种功能的综合运用，从而使动画作品更加地完美。

9.3 Flash 网站开发——新型团队网站

Flash 动画的最大的优势就是流行于网络以及支持交互，本案例就利用 Flash 的这一特点，开发一个与传统网站具有较大的差别的新型网站。该网站摒弃了传统网页翻页浏览的做法，改为弹出窗口式的浏览方式。窗口支持最大化、关闭、编辑等特点，使用起来也十分方便。

【设计思路】

- 网站设计分析。
- 图形素材制作。
- 控制代码开发。

- 测试完善网站。

【设计效果】

创建如图 9-73 所示效果。

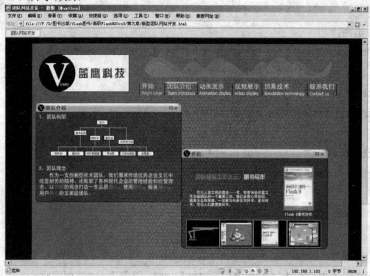

图9-73 最终设计效果

9.3.1 开发准备——设计分析

对于较大型的开发，前期的设计分析尤为重要。可以说设计分析决定了作品整体水平的高低。

本实例开发的是一个团队的网站，所以根据一般团队对其宣传网站的功能需求，这里将网站的页面划分为如图 9-74 所示的板块。

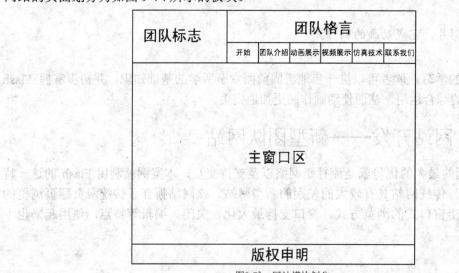

图9-74 网站模块划分

其中"开始"、"团队介绍"、"动画展示"、"视频展示"、"仿真技术"、"联系我们" 6 个小板块为 6 个导航按钮，用于打开相对应的窗口，并在主窗口区中进行展示，从而完成网站的宣传功能。

9.3.2 实例开发——非代码部分

网站模块中的团队标志、团队格言、版权申明、页面布置都不需要进行代码编辑，较为简单。

【操作步骤】

1. 背景制作。

(1) 新建一个 Flash 文档，设置文档尺寸为"766 像素×660 像素"，背景颜色为"黑色"，其他属性使用默认参数。

(2) 新建至 5 个图层，并从上到下依次重命名为"导航按钮"层、"团队标志"层、"团队格言"层、"版权申明"层和"背景"层，如图 9-75 所示。

(3) 选中"背景"层，将教学资源包中的"素材\第九章\新型团队网站开发\网页背景图片.png"文件导入到舞台中，调整图片尺寸为"766 像素×600 像素"并与舞台居中对齐，使其刚好覆盖整个舞台，如图 9-76 所示。

图9-75　新建图层

图9-76　舞台效果

2. 制作团队标志。

(1) 新建一个影片剪辑元件，并重命名为"团队标志"，进入元件内部编辑。将默认"图层1"重命名为"背景图形"层。

(2) 选择【椭圆】工具 ◎，绘制一个圆形，在其【属性】面板中设置宽高为"120 像素×120 像素"、笔触颜色和填充颜色都为"黑色"，笔触高度为"1"，位置坐标 x、y 分别为"0"、"0"。

(3) 选择【矩形】工具 ▢，绘制一个矩形，在其【属性】面板中设置宽高为"240 像素×120 像素"，填充颜色为"无"，笔触颜色为"黑色"，笔触高度为"1"，位置坐标 x、y 分别为"60"、"0"，效果如图 9-77 所示。

(4) 删除图 9-77 中矩形左边与圆重叠的多余边，然后选择【颜料桶】工具 ◇，填充圆形和矩形框构成的图形，填充颜色设置为"白色"，填充后的效果如图 9-78 所示。

图9-77　绘制背景图1

图9-78　绘制背景图2

(5) 新建图层并重命名为"文字"层，将其拖曳到"背景图形"图层的上面。

(6) 选择【文字】工具 T，输入字母"Victory"，设置字体为"Times New Roman"，文字颜色为"白色"。选中字母"ictory"，设置其字体大小为"12"。选中字母"V"，设置其字体大小为"160"，设置"V"的字母间距为"–30"，然后设置文字的位置如图 9-79 所示。

(7) 使用【文字】工具 T 输入文字"蓝鹰科技"，并设置文字字体为"方正综艺简体"（读者也可以选择一种自己喜欢的字体），文字大小为"35"，文字颜色为"#003399"，字母间距为"5"，并设置文字的位置如图 9-80 所示。

图9-79　输入文字1

图9-80　输入文字2

(8) 至此，团队标志制作完成，选中主场景中的"团队标志"图层，并将"团队标志"元件拖曳到主场景，放置到如图 9-81 所示的位置。

3. 制作团队格言。

(1) 新建一个影片剪辑元件，命名为"团队格言"。进入元件内部进行编辑，新建如图 9-82 所示的 5 个图层，并延长所有图层至第 180 帧处。

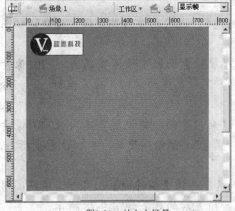

图9-81　放入主场景

图9-82　新建图层

(2) 在"大海浪"和"小海浪"图层上分别绘制如图 9-83 所示海浪图形。设置海浪图形的填充颜色为"#00CDFF"，【Alpha】参数为"30%"，笔触颜色为"#00CDFF"，

【Alpha】参数为 "40%"。

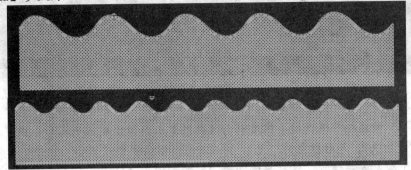

图9-83 图层信息置遮罩层

(3) 设置 "大海浪" 图形的大概位置坐标 x、y 分别为 "-245.0"、"0"，设置 "小海浪" 图形的大概位置坐标 x、y 分别为 "-405.0"、"13.5"，如图 9-84 所示。

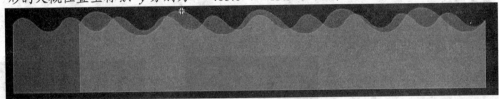

图9-84 设置海浪第 1 帧的位置

(4) 在 "大海浪" 和 "小海浪" 图层的第 180 帧处插入关键帧，并在第 180 帧处，设置 "大海浪" 图形的大概位置坐标 x、y 分别为 "-52.0"、"0"，设置 "小海浪" 图形的大概位置坐标 x、y 分别为 "-65.5"、"13.5"，如图 9-85 所示。

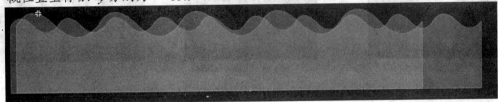

图9-85 设置海浪第 180 帧的位置

要点提示 此处设置海浪的位置是为了制作优美的海浪效果，所以对海浪的位置和大小没有精确的要求，只要满足最终的设计效果即可。

(5) 在 "大海浪" 和 "小海浪" 图层上创建形状补间动画。

(6) 在 "海浪遮罩" 图层上利用【矩形】工具 绘制一个圆角矩形，并设置圆角矩形在第 1 帧处的位置如图 9-86 所示。

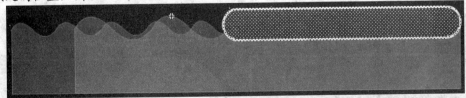

图9-86 绘制遮罩图形

(7) 将 "海浪遮罩" 层转化为遮罩层，"大海浪" 层和 "小海浪" 层都转化为被遮罩层。得到图 9-87 所示的效果。

图9-87　海浪效果

(8)　为了制作方便，将"海浪遮罩"、"大海浪"、"小海浪" 3 个图层锁定。在"聚光特效"
　　　层的第 15 帧处插入关键帧，然后利用【椭圆】工具 绘制一个圆形，设置圆的填充类
　　　型为"放射状"，笔触颜色为"无"，效果如图 9-88 所示。

(9)　在第 20 帧插入关键帧，然后再返回第 15 帧，使用【任意变形】工具 将圆形调整成
　　　图 9-89 所示的形状。

(10) 在第 15 帧和第 20 帧之间创建形状补间动画，得到聚光效果，然后在第 22 帧处插入空
　　　白关键帧。

(11) 在"文字"图层的第 21 帧插入关键帧，然后使用 T 工具输入"拼"字，设置文字的颜
　　　色为"#FFFF00"，设置文字的大小和位置如图 9-90 所示。

图9-88　绘制圆形

图9-89　调整圆形形状

图9-90　输入文字

(12) 每间隔 3 帧，使用同样的方法制作剩下的 7 个字"搏睿智创新务实"的动画，制作完
　　　成，效果如图 9-91 所示。

图层效果

舞台效果

图9-91　文字聚光特效

(13) 在文字层的第 161 帧，插入关键帧，将文字图层上的所有文字转化为元件，然后在第 180 帧插入关键帧，设置第 180 帧文字元件的【Alpha】值为 "0"，设置文字元件的形状如图 9-92 所示。在第 161 帧和第 180 帧之间创建补间动画，完成文字消失的特效。

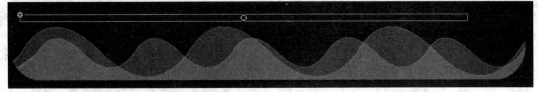

图9-92 文字消失

(14) 至此 "团队格言" 元件制作完成，将其拖曳到主场景的 "团队格言" 图层上，并设置其位置如图 9-93 所示。

图9-93 放置团队格言的位置

4. 制作版权申明。

版权制作十分简单，在主场景的 "版权申明" 图层上，绘制一条直线，然后输入 "蓝鹰科技 版权所有" 8 个字，并将其放置到舞台的最下边，如图 9-94 所示，即制作完成。

蓝鹰科技　　版权所有

图9-94 制作版权申明

9.3.3 实例开发——代码部分

剩下的导航按钮和弹出窗口的制作较为复杂，最终要实现导航按钮控制窗口的弹出，所以一定要注意按钮制作和窗口制作的关联部分。

由于本案例中涉及到的导航按钮和弹出窗口制作方法大致一样，所以这里以 "团队介绍" 相关的弹出窗口和导航按钮的制作为例来讲解。

【操作步骤】

1. 弹出窗口制作。

(1) 新建一个影片剪辑元件，重命名为"TeamWindows"，然后进入元件内部进行编辑。

(2) 新建至 6 个图层，从上到下依次按照如图 9-95 所示命名。

(3) 在"背景"图层上，选择【矩形】工具，绘制一个矩形。其矩形边角半径为"10"，填充颜色为"黑色"，【Alpha】值为"40%"，笔触颜色为"黑色"，宽高为"350 像素×230 像素"，位置坐标 x、y 分别为"0"、"0"，如图 9-96 所示。

图9-95 新建图层

图9-96 绘制矩形

(4) 选择矩形，将其转化为影片剪辑元件，并设置其【实例名称】为"windowsBG"，以备后面程序调用。

(5) 复制矩形，使用【粘贴到当前位置】将其复制到"wBar"层，然后锁定"背景"层。将"wBar"层上的矩形分离，删去多余部分，保留如图 9-97 所示的图形，并设置图形的填充颜色为"#D2BD25"，笔触颜色为"无"。

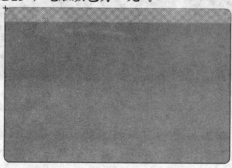

图9-97 制作图形

(6) 选中图形，将其转化为元件，并进入元件内部进行编辑，最后制作成如图 9-98 所示的发光效果。返回并设置元件的【实例名称】为"windowsBar"，以备后面程序调用。

图9-98 制作发光效果

(7) 锁定"wBar"层，在"文字"图层上使用【文字】工具 T 输入"团队介绍"，再将"团队标志"元件拖曳到场景中，然后分离，删除后得到如图 9-99 所示的整体效果。

图9-99 设置文字

(8) 选择【线条】工具 ，在"按钮"层绘制一个图 9-100 所示的关闭图形。然后选中该图形，将其转化为按钮元件，并进入内部进行编辑。在"指针经过"帧处插入关键帧，在该帧处设置图形如图 9-101 所示，在"按下"帧处插入帧。

图9-100 绘制关闭图形 1

图9-101 绘制关闭图形 2

(9) 至此关闭按钮制作完成，返回并设置关闭按钮的【实例名称】为"windowsExit"。使用相同的方法制作最大化按钮和还原按钮，形状如图 9-102 所示。设置最大化按钮的实例名称为"windowsMaximize"，还原按钮的实例名称为"windowsRestore"。

最大化按钮   还原按钮

图9-102 绘制按钮图形

(10) 设置关闭按钮和最大化按钮的位置和大小如图 9-103 所示。

图9-103 设置按钮位置

(11) "介绍内容"图层中可以根据读者的需要进行填写。这里填入图 9-104 所示的信息。

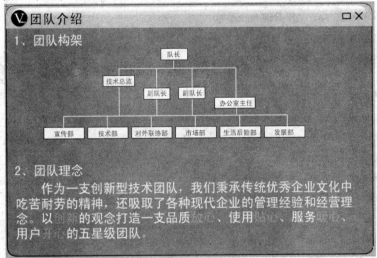

图9-104 介绍内容

(12) 选中"AS"层，在第 1 帧输入以下代码。

```
stop();
//为背景元件添加鼠标单击事件
windowsBG.addEventListener(MouseEvent.CLICK,onClickBB);
//为 WindowsBar 元件添加鼠标单击事件
```

```
windowsBar.addEventListener(MouseEvent.CLICK,onClickBB);
```
//为 WindowsBar 元件添加鼠标按下事件
```
windowsBar.addEventListener(MouseEvent.MOUSE_DOWN,onMouseDownBar);
```
//为 WindowsBar 元件添加鼠标松开事件
```
windowsBar.addEventListener(MouseEvent.MOUSE_UP,onMouseUpBar);
```
//为退出按钮添加鼠标单击事件
```
windowsExit.addEventListener(MouseEvent.CLICK,onClickExit);
```
//为最大化按钮添加鼠标单击事件
```
windowsMaximize.addEventListener(MouseEvent.CLICK,onClickMaximize);
```
//定义背景单击响应函数
```
function onClickBB(event:MouseEvent):void {
var temp:TeamWindows = TeamWindows(event.target.parent);
temp.parent.setChildIndex(temp,temp.parent.numChildren-1);
}
```
//定义鼠标在 Bar 上按下的响应函数
```
function onMouseDownBar(event:MouseEvent):void {
var temp:TeamWindows = TeamWindows(event.target.parent);
temp.parent.setChildIndex(temp,temp.parent.numChildren-1);
var tempRec:Rectangle = new Rectangle(0,130,415,470);
event.target.parent.startDrag(false,tempRec);
}
```
//定义鼠标在 Bar 上松开的响应函数
```
function onMouseUpBar(event:MouseEvent):void {
event.target.parent.stopDrag();
}
```
//定义最大化响应函数
```
function onClickMaximize(event:MouseEvent):void {
    var temp:TeamWindows = TeamWindows(event.target.parent);
    temp.parent.setChildIndex(temp,temp.parent.numChildren-1);
    temp.gotoAndPlay(2);
    temp.x=0;
    temp.y = 130;
}
```
//定义关闭按钮的响应函数
```
function onClickExit(event:MouseEvent):void {
    var temp:TeamWindows = TeamWindows(event.target.parent);
    temp.parent.removeChild(temp);
}
```

可在教学资源包 "素材\第九章\新型团队网站开发\Teamwindows 第一帧.txt" 中获取所有代码。

(13) 至此，弹出窗口的第 1 帧的效果就制作完成了。第 2 帧的制作非常简单，只需对第 1 帧的内容进行调整和放大即可，得到如图 9-105 所示的效果。注意第 2 帧的背景元件的宽高为 "760 像素×500 像素"，位置坐标 x、y 分别为 "0"、"0"。

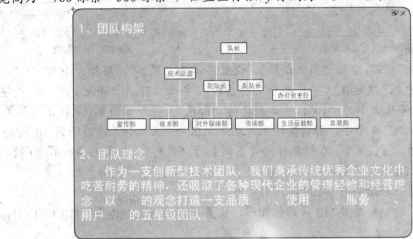

图9-105　第 2 帧效果

(14) 在 "AS" 图层的第 2 帧插入关键帧，并为还原按钮输入以下代码。

```
stop();
windowsRestore.addEventListener(MouseEvent.CLICK,onClickRestore);
function onClickRestore(event:MouseEvent):void {
var temp:TeamWindows = TeamWindows(event.target.parent);
temp.parent.setChildIndex(temp,temp.parent.numChildren-1);
temp.gotoAndPlay(1);
temp.x=200;
temp.y = 260;
}
```

可在教学资源包 "素材\第九章\新型团队网站开发\Teamwindows 第二帧.txt" 中获取所有代码。

(15) 至此 "TeamWindows" 元件的制作就完成了。在【库】中右键单击该元件，打开【链接属性】对话框，勾选【为 ActionScript 导出】项。注意这里【类】项填写的内容为 "TeamWindows"。如果这里出错，后面的窗口调用就会失败，如图 9-106 所示。

(16) 使用以上的方法，即可制作其他的弹出窗口。

2. 导航按钮制作。

(1) 新建一个影片剪辑元件，命名为 "b 团队介绍"。进入元件内部进行编辑，新建至 6 个图层，并按照图 9-107 所示来命名图层。设置 "背影遮罩" 层为遮罩层，"背影" 层为被遮罩层，并延长所有图层至第 20 帧。

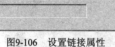

图9-106 设置链接属性

图9-107 新建图层

(2) 在"中文部分"图层输入"团队介绍",设置字体为"黑体",字体大小为"15",字体颜色为"白色",然后在"英文部分"图层输入字母"Team introduce",设置字体为"Tahoma",字体大小为"10",字体颜色为"白色",得到如图9-108所示的效果。

(3) 选中"团队介绍"4个字,并将其转化为元件。在"中文部分"图层的第10帧和第20帧插入关键帧,并设置第10帧元件的【色调】为"黑色"。在第1帧和第10帧之间、第10帧和第20帧之间创建补间动画。

(4) 在"背影遮罩"层绘制图9-109所示的矩形。

(5) 在"背影"层绘制如图9-110所示的矩形,设置矩形的填充颜色为"#CCCCCC",笔触颜色为"无"。

图9-108 输入文字

图9-109 绘制背影遮罩

图9-110 绘制背影图形

(6) 在"背影"图层的第10帧和第20帧插入关键帧,在第10帧设置"背影"和"背影遮罩"重合,并在第1帧和第10帧之间、第10帧和第20帧之间创建形状补间动画。至此,按钮的动态效果就制作完成了。

(7) 在"感应按钮"图层绘制如图9-111所示的矩形,使其刚好覆盖所有的文字。

(8) 选中该图形,将其转化为按钮元件,进入内部进行编辑。将"弹起"帧上的关键帧拖到"点击"帧上,如图9-112所示。编辑完成返回,设置按钮的【实例名称】为"bButton"。

图9-111 绘制感应按钮图形

图9-112 编辑按钮

(9) 在"as"图层的第1帧上输入以下代码。

```
stop();
//为bButton添加鼠标在其内的事件
bButton.addEventListener(MouseEvent.MOUSE_OVER,onMouseOver);
```

```
//为 bButton 添加鼠标在其外的事件
bButton.addEventListener(MouseEvent.MOUSE_OUT,onMouseOut);
//为 bButton 添加鼠标单击的事件
bButton.addEventListener(MouseEvent.CLICK,onClick);
//当鼠标移动到按钮上时，该按钮元件跳转到第 2 帧并进行播放
function onMouseOver(event:MouseEvent):void {
gotoAndPlay(2);
}
//当鼠标移动离开按钮时，该按钮元件跳转到第 11 帧并进行播放
function onMouseOut(event:MouseEvent):void {
    gotoAndPlay(11);
}
//当鼠标单击按钮时，在主场景创建 TeamWindows 元件，并设置其位置
function onClick(event:MouseEvent):void {
    var temp:Object = event.target.parent;
    var myTeamWindows:TeamWindows = new TeamWindows();
    myTeamWindows.x = 10;
    myTeamWindows.y = 140
    temp.parent.addChild(myTeamWindows);
}
```

要点提示 可在教学资源包 "素材\第九章\新型团队网站开发\b 团队介绍第一帧.txt" 中获取所有代码。

(10) 在 "as" 图层的第 10 帧插入关键帧，并在该帧输入 "stop();"。至此 "团队介绍" 的按钮效果就制作完成了。

(11) 使用相同的方法即可制作其他导航按钮。制作完成后，将所有的导航按钮放置到如图 9-113 所示舞台上。

图9-113　放置导航按钮

9.3.4　结束工作——测试发布

一个优秀的作品，总是通过多次地测试和修改完成的。所以在本书的结束部分，希望读者耐心地完成最后的完善工作。

一、测试网站

测试观察影片，得到如图 9-114 所示的效果。基本满足团队宣传网站的需要。

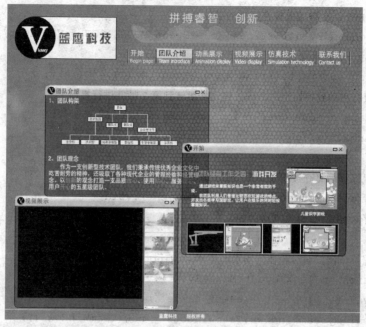

图9-114　测试效果

二、发布网站

打开【发布设置】对话框，在【格式】选项卡中勾选【HTML】选项，如图 9-115 所示。在【HTML】选项卡中设置【尺寸】为"1024 像素×768 像素"，设置【Flash 对齐】为"居中"，如图 9-116 所示。

图9-115　勾选 HTML 项

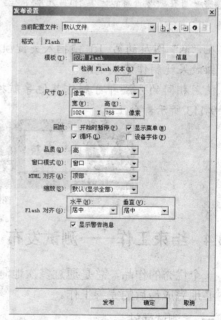

图9-116　设置 Flash 属性

设置完成，发布网站。打开发布的"新型团队网站开发.html"得到图 9-117 所示的效果。

图9-117 最终效果

【案例小结】

通过案例的讲解，为读者讲述了 Flash CS3 制作网站的神奇效果。使用 Flash CS3 开发网站，可以打破网站制作的传统制作思路，其具有操作简单、作品新颖、使用便捷等许多特点，并展示了一种新型的网站开发技巧，为读者的开发提供新的思想源泉。

9.4 趣味游戏开发——保卫地球

Flash 动画中非常强大的脚本程序也是开发中的重要工具，在本综合实例中，将使用大量的代码来实现非常有趣的游戏开发——保卫地球。

【设计思路】

- 制作游戏片头。
- 制作帮助文档。
- 制作游戏元素。
- 添加控制代码。

【设计效果】

创建图 9-118 所示效果。

图9-118 最终设计效果

【操作步骤】

1. 制作游戏片头。

(1) 新建一个 Flash 文档，设置文档尺寸大小为 "700 像素×500 像素"，帧频为 "30"，其他属性保持默认参数。

(2) 新建一个名为 "片头" 的影片剪辑元件，单击 确定 按钮进入元件内部，将 "图层 1" 重命名为 "背景" 层，将教学资源包中的 "素材\第九章\保卫地球\片头背景底图.jpg" 文件导入到舞台中。

(3) 将 "片头背景底图.jpg" 图片转换成名为 "片头背景" 的影片剪辑元件，在第 90 帧插入帧，然后在第 40 帧插入关键帧，并把该元件向左移动约 120 像素。然后在第 1 帧至第 40 帧之间创建动作补间动画。

(4) 选择 "背景" 图层的第 1 帧，打开【滤镜】面板，为 "片头背景" 添加模糊滤镜，具体设置如图 9-119 所示。

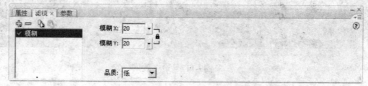

图9-119 添加模糊滤镜

(5) 新建一个名为 "飞机" 的图层，在第 7 帧插入空白关键帧，并在舞台上绘制图 9-120 所示的飞机，按 F8 快捷键将其转换成名为 "飞机图标" 的影片剪辑元件（或者从教学资源包 "素材\第九章\保卫地球\保卫地球.fla" 文件中获取）。

(6) 将第 7 帧中的飞机拖曳至背景图的左下角，并调整飞机的形状成如图 9-121 所示，然后在第 17 帧插入关键帧，并将飞机向右上角移动一段距离。在第 7 帧至第 17 帧之间创建动作补间动画。

图9-120 制作飞机图标

图9-121 调整飞机形状

(7) 选择第 7 帧中的 "飞机图标" 元件，为其添加一个模糊滤镜。

(8) 新建一个名为 "地球" 的图层，在第 15 帧插入空白关键帧，将教学资源包中的 "素材\第九章\保卫地球\旋转地球 1.png" 文件导入到舞台上（注意，这里只导入一张图片），并将其转换成名为 "地球" 的影片剪辑元件，并放置在如图 9-122 所示的位置上。

图9-122 制作地球元件

(9) 在第 40 帧插入关键帧，并将"地球"元件向左移动约 60 像素。打开【滤镜】面板，为"地球"元件添加斜角滤镜，如图 9-123 所示。

(10) 选择第 15 帧中的"地球"元件，修改其 Alpha 值为"0"。然后在第 15 帧至第 40 帧之间创建动作补间动画。

(11) 新建一个名为"遮罩"的图层，在该层第 15 帧插入空白关键帧，然后在舞台上绘制如图 9-124 所示的遮罩，设置它的填充色为黑白渐变，将白色的透明度设置为"0"，其大小与"地球"元件大小相同。

图9-123 为"地球"添加斜角滤镜　　　　　　　　　　图9-124 绘制遮罩

(12) 选择所绘制的图形，将其转换成名为"遮罩"的图形元件，并将该元件放置在第 15 帧"地球"元件的正上方，保持完全重合。然后在第 40 帧插入关键帧，同样将该元件放置在第 40 帧"地球"元件的正上方，保持完全重合。在第 15 帧至第 40 帧之间创建动作补间动画。

(13) 新建一个名为"旋转地球"的影片剪辑元件，在元件内第 1 帧至第 37 帧中，每隔一帧插入一个空白关键帧，然后将教学资源包"素材\第九章\保卫地球"中名为"旋转地球"系列的图片导入到库中，并按顺序将图片放置到每一个空白关键帧上。

(14) 新建"图层 2"，在第 37 帧插入空白关键帧，按 F9 快捷键打开【动作-帧】面板，并在脚本窗格中输入"stop();"命令。其【时间轴】状态如图 9-125 所示。

图9-125 "旋转地球"元件的时间轴

(15) 进入"片头"元件，在"地球"图层的第 41 帧插入空白关键帧，将【库】中名为"旋转地球"的元件拖曳到舞台中，并与第 40 帧中"地球"元件的位置相重合。

(16) 为"旋转地球"元件添加两个斜角滤镜，具体设置如图 9-126 和图 9-127 所示。

图9-126 添加第 1 个斜角滤镜

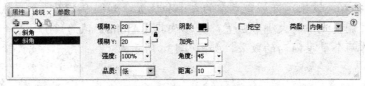

图9-127 添加第 2 个斜角滤镜

(17) 新建一个名为"光圈 1"的图层，在该图层的第 60 帧插入空白关键帧，然后在舞台上
绘制如图 9-128 所示的圆，按 F8 快捷键将其转换成名为"光圈 1"的图形元件。

图9-128　绘制光圈 1

(18) 在第 66 帧和第 90 帧分别插入关键帧，并调整它们的位置和形状，如图 9-129 和图 9-130
所示。

图9-129　第 66 帧上的光圈 1

图9-130　第 90 帧上的光圈 1

(19) 选择"光圈 1"图层第 60 帧中的元件，修改其 Alpha 值为"0"，同样修改第 90 帧中元
件的 Alpha 值也为"0"。然后在第 60 帧至第 66 帧，第 66 帧至第 90 帧之间创建动作补
间动画。

(20) 按照上面的做法，制作"光圈 2"和"光圈 3"，效果如图 9-131 所示。

(21) 新建一个名为"光晕"的图层，在第 60 帧插入空白关键帧，在舞台上绘制如图 9-132
所示的光晕。

图9-131　制作光圈 2 和光圈 3

图9-132　制作光晕

(22) 在第 66 帧插入关键帧，并调整光晕的大小和位置，如图 9-133 所示。然后在第 90 帧插
入关键帧，调整光晕的大小和位置，并修改其【Alpha】值为"0"

(23) 同样再制作两个星星闪动的效果，如图 9-134 所示。

图9-133 修改光晕

图9-134 制作星星闪动效果

(24) 新建一个名为"保卫地球"的图层，在第 72 帧插入空白关键帧，在舞台上输入文字 "保卫地球"，字体设置为"汉仪雪峰体简"（读者也可以选一种自己喜欢的字体），大小选择"60"，颜色为白色。

(25) 按 F8 快捷键将其转换成名为"保卫地球"的影片剪辑元件，在第 82 帧插入关键帧，选择第 72 帧上的"保卫地球"元件，打开【滤镜】面板，为元件添加模糊滤镜，将模糊 x 和 y 设置为20。然后在第 72 帧至第 82 帧之间创建动作补间动画。

(26) 新建一个名为"按钮"的图层，在该图层的第 90 帧插入空白关键帧，在舞台上制作两个按钮，如图 9-135 所示。

图9-135 制作按钮

(27) 修改"开始"按钮的实例名称为"startbtn"，修改"帮助"按钮的实例名称为 "helpbtn"，然后在第 90 帧中添加控制代码，如图 9-136 所示。

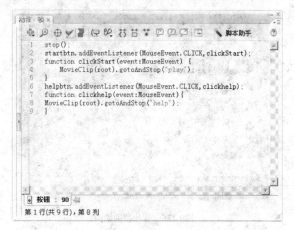

图9-136 添加控制代码

(28) 新建一个名为"声音"的图层，将教学资源包"素材\第九章\保卫地球\片头音乐.mp3"导入到场景中。

2. 制作帮助文档。

(1) 新建一个名为"帮助"的影片剪辑元件，将"图层 1"重命名为"帮助背景"层，将教学资源包"素材\第九章\保卫地球\保卫地球.bmp"导入到舞台中，按 F8 快捷键将其转换成名为"帮助背景"的图形元件。

(2) 在第 4 帧和第 8 帧插入关键帧，选择第 1 帧中的"帮助背景"元件，修改其水平变形量为"1%"，修改第 4 帧中元件的水平变形量为"6.6%"，修改第 8 帧中元件的水平变形量为"4.6%"。

(3) 在第 14 帧和第 20 帧插入关键帧，在第 30 帧插入帧。修改第 20 帧中元件的水平变形量为"100%"。然后在第 14 帧至第 20 帧之间创建动作补间动画。

(4) 新建一个名为"底色"的图层，在该层第 20 帧插入空白关键帧，然后在舞台上绘制一个宽高为"640 像素×370 像素"的灰色圆角矩形。按 F8 快捷键将其转换成名为"底"的影片剪辑元件。为"底"元件添加投影滤镜，如图 9-137 所示。

图9-137　制作"底"元件

(5) 在第 30 帧插入关键帧，并将"底"元件水平翻转。然后在第 20 帧至第 30 帧之间创建动作补间动画。

(6) 新建一个名为"说明"的图层，在第 30 帧插入空白关键帧，在舞台上输入说明内容，如图 9-138 所示。

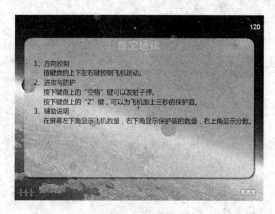

图9-138　添加帮助说明

(7) 新建一个名为"按钮"的图层，在第 30 帧插入空白关键帧，然后在舞台上制作返回按

钮，并将实例名命名为"backbtn"，舞台效果如图 9-139 所示。在第 30 帧中输入控制
代码，如图 9-140 所示。

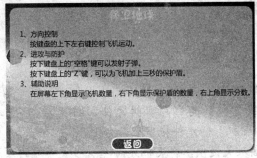

图9-139　添加返回按钮

图9-140　添加控制代码

3. 制作游戏元素。

(1) 新建一个名为"大石头"的影片剪辑元件，在元件内部的第 1、2、3 帧上分别绘制大
小为"73 像素×70 像素"的石头的圆形，然后调整至如图 9-141 所示的状态。

图9-141　制作大石头

(2) 同样，再制作一个大小为"41 像素×43 像素"的"中石头"元件和一个大小为"23 像
素×21 像素"的"小石头"元件。

(3) 新建一个名为"飞机"的影片剪辑元件，将"图层 1"重命名为"机身"层，将【库】中
名为"飞机图标"的影片剪辑元件拖曳至舞台上，并设置其大小为"41 像素×51 像素"。

(4) 新建一个名为"尾焰"的图层，将它拖曳至"飞机"图层的下方，然后在舞台上绘制
飞机尾焰并制作动画，如图 9-142 所示。

(5) 新建一个名为"盾图标"的影片剪辑元件，在舞台上绘制一大小为"12 像素×15 像
素"的盾，如图 9-143 所示。

(6) 新建一个名为"盾"的影片剪辑元件，在舞台上绘制形状如图 9-143 所示的盾，改变其
大小为"96 像素×122 像素"，并将其填充色的 Alpha 值修改为"30%"。

图9-142 添加飞机尾焰

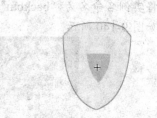

图9-143 绘制盾

(7) 新建一个名为"作战飞机"的影片剪辑元件，将图层 1 重命名为"飞机"层，将【库】面板中名为"飞机"的元件拖曳至舞台上。

(8) 在第 3 帧和第 4 帧插入关键帧，将飞机分离，以形成爆炸的效果，如图 9-144 和 9-145 所示。

(9) 将第 3 帧的帧标签改为"explode"。在第 5 帧插入空白关键帧，并在帧上面写入代码"stop();"。

图9-144 第 3 帧中飞机的形状

图9-145 第 4 帧中飞机的形状

(10) 新建一个名为"盾"的图层，将库中名为"盾"的影片剪辑元件拖曳至舞台上，如图 9-146 所示。然后修改"盾"元件的实例名称为"shield"，在第 3 帧插入空白关键帧。

(11) 新建一个名为"子弹"的影片剪辑元件，在舞台上绘制一个大小为"3 像素 × 3 像素"的黄色圆形。

4. 添加控制代码。

(1) 返回主场景。将"图层 1"重命名为"背景"层，在第 2 帧插入空白关键帧，将教学资源包中的"素材\第九章\保卫地球\宇宙.jpg"文件导入到舞台中，然后在第 3 帧插入帧。

(2) 打开【库】面板，用鼠标右键单击"片头"元件，在弹出的菜单中选择"链接"命令。打开【链接属性】对话框，将类名改为"pt"，【链接属性】对话框具体设置如图 9-147 所示。

图9-146 添加盾

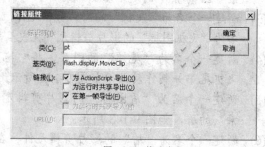

图9-147 修改类名

(3) 新建一个名为"游戏界面"的图层，将第 1 帧帧标签改为"intro"，然后为第 1 帧添加代码，如图 9-148 所示。

图9-148 在第 1 帧中添加代码

(4) 在第 2 帧插入空白关键帧，并将帧标签改为"play"。然后在该帧上输入以下代码。

```
startSpaceRocks();
ptou.alpha = 0;
```

(5) 在第 3 帧插入空白关键帧，将帧标签改为"gameover"，在舞台上制作游戏结束的画面，制作返回按钮并命名为"playAgainButton"。在第 3 帧输入如下代码，第 3 帧处的画面如图 9-149 所示。

```
playAgainButton.addEventListener(MouseEvent.CLICK,clickPlayAgain);
function clickPlayAgain(event:MouseEvent) {
gotoAndStop("play");
}
```

图9-149 制作结束画面

(6) 在第 4 帧插入空白关键帧，将帧标签改为"help"，将库中名为"帮助"的元件拖曳至舞台上。

(7) 将"大石头"的类名称改为"Rock_Big"，将"中石头"的类名称改为"Rock_Medium"，将"小石头"的类名称改为"Rock_Small"，将"盾图标"的类名称改为"ShieldIcon"，将"飞机"的类名称改为"Plane"，将"飞机图标"的类名称改为

"ShipIcon"，将"子弹"的类名称改为"Missile"，将"作战飞机"的类名称改为"Ship"。

(8) 新建一个名为"控制代码"的图层，在该图层的第 1 帧中输入代码，或者从教学资源包"素材\第九章\保卫地球\保卫地球.txt"中获取。

(9) 至此，整个游戏就制作完成了。保存并测试影片。

【案例小结】

在本案例中，游戏的主要功能都是由代码来实现的，这也是本例的一个难点所在。在学习本例时，建议读者参照源文件进行学习。同时读者还需要花一部分时间去研究学习游戏中的代码，以达到举一反三的效果。

小结

本章通过 4 个大型的综合实例的讲解，将前面 8 章的内容进行了全新地诠释和升华。读者只要掌握了这 4 个典型实例的制作方法，并融会贯通，即可推广到其他的 Flash 作品的制作。

思考与练习

1. 从本章的 4 个实例出发，认真总结 Flash 开发的思路和技巧。
2. 重做本章全部实例。